Fährtenarbeit mit Hund

- Das Praxisbuch –

Wie Sie spielend leicht das Fährtenlesen lehren
und die Beziehung zu Ihrem Hund verbessern

Sebastian Cordes

Alle Ratschläge in diesem Buch wurden vom Autor und vom Verlag sorgfältig erwogen und geprüft. Eine Garantie kann dennoch nicht übernommen werden. Eine Haftung des Autors beziehungsweise des Verlags für jegliche Personen-, Sach- und Vermögensschäden ist daher ausgeschlossen.

ISBN: 978-3-969304037

Email: info@edition-lunerion.de
www.edition-lunerion.de

Psiana eCom UG
Berumer Str. 44
26844 Jemgum

INHALT

Vorwort

Sie suchen nach einer neuen Herausforderung für Sie und Ihren Hund, die Ihre bereits bestehende Bindung noch verstärkt und außerdem die natürlichen Veranlagungen Ihres Hundes sinnvoll nutzt und gezielt weiter trainiert? Dann ist womöglich Fährtenarbeit genau das Richtige für Sie. Bei der Fährtenarbeit ist die Nase Ihres Freundes und Helfers gefordert, aber auch Sie als Koordinator und Arbeitspartner sind natürlich für die jeweilige Vorbereitung der Aufgaben verantwortlich. Aber auch in der Fährtenarbeit ist natürlich ein Sprung mitten in das Geschehen nicht sinnvoll, auch dabei handelt es sich um einen längeren Prozess, dessen Erfolg Sie sich gemeinsam erarbeiten müssen.

Mithilfe dieses Ratgebers soll Ihnen ein möglicher Ausbildungsweg von den allerersten Schritten bis hin zu Übungen für Fortgeschrittene nähergebracht werden – alles natürlich unter der Voraussetzung, dass Sie bereit sind, kontinuierlich Zeit und Energie aufzubringen, diese motiviert in das Training Ihres kleinen Teams zu stecken und mit jeder Einheit selbst dazuzulernen. Erfolg stellt sich selten von einem Tag auf den nächsten ein, also bringen Sie Geduld und Ruhe mit in die Lektüre und Ausführung der Übungen und Ihre Chance auf Fortschritte vergrößert sich sofort um einiges. In diesem Sinne: Viel Spaß und viel Erfolg mit diesem Buch!

Auf der Fährte von...

Jeder Hundehalter sucht sicherlich früher oder später nach etwas Interessantem, das ihn und seinen Vierbeiner wieder völlig neu herausfordert – oder vielleicht haben Sie auch schon etwas Erfahrung mit dem Thema oder haben sowohl in andere Disziplinen als auch in diese schon einmal hineingeschnuppert und sind nun neugierig geworden, was man noch tun könnte.

Vielleicht haben Sie aber auch einfach einen alten Hund, der ehemals in allen möglichen Sportarten umhergeflitzt ist, das heute aber einfach nicht mehr so gut leisten kann – weswegen Sie ihm eine neue Aufgabe suchen möchten.

Egal, was davon am Ende der Fall ist, dieser kleine Ratgeber soll Ihnen dabei helfen, eine Möglichkeit der Ausbildung kennenzulernen, in der Hoffnung, Sie hinterher auch erfolgreich dabei unterstützen zu können, es Ihrem Hund zu vermitteln.

Dabei ist es jedoch wichtig, sich auch über die Voraussetzungen für das Training im Klaren zu sein – daher werden Ihnen neben Anmerkungen zur nötigen Ausrüstung auch die Grundvoraussetzungen für Hund und Mensch nähergebracht werden, ehe es um die Trainingsgrundlagen gehen wird, unter anderem darum, wie Hunde allgemein lernen und wie sie sich an dem Menschen orientieren. Danach werden Sie mit dem allgemeinen Setting bekannt gemacht, darunter, welche Untergründe sich für das normale Training am besten eignen, welches Futter am besten geeignet ist und was genau ein gutes Motivationsobjekt sein kann.

Im Anschluss geht es dann schließlich Schritt für Schritt in das gezielte Training – wobei dem Aufbau von Junghunden ein eigenes Unterkapitel gewidmet ist, da Junghunde eben doch noch einmal etwas andere Voraussetzungen mitbringen als ein Hund, mit dem Sie bereits andere Dinge trainiert haben. Ansonsten werden Sie dort mit dem Abgangsquadrat, Schrittfolgen, den ersten Fährten und vielem mehr genauer vertraut gemacht.

Im darauffolgenden Kapitel werden kurz das weiterführende Training sowie alternative Methoden behandelt, ehe sich noch einmal speziell den möglicherweise auftretenden Problemen gewidmet wird – dabei kann es sich beispielsweise um Ablenkungen oder Kommunikationsprobleme zwischen Zwei- und Vierbeiner handeln, aber es sind keine Gründe zur Verzweiflung: Es gibt für fast alles eine Lösung (außer für das Wetter).

Abschließend gibt es noch einen Blick auf einen systematischen Trainingsplan zur Orientierung, der Ihnen vielleicht von Nutzen sein könnte und der individuell angepasst werden kann.

Wenn Sie neugierig geworden sein sollten, dann freuen Sie sich jetzt auf einen Ausflug in die Fährtenarbeit, die es in der einen oder anderen Form schon seit langer Zeit gibt und Ihren Hund vielleicht genau so fordert, wie Sie sich das gewünscht haben.

Die Fährtenarbeit – Eine altbewährte Disziplin

Fährtenarbeit ist eine der ältesten und am weitesten verbreiteten Disziplinen unter Hundebesitzern neben Obedience und Agility. Sie ist recht einfach zu erlernen und nahezu jeder Hund ist dazu in der Lage, sie zu bewältigen – egal, welche Größe oder welches Alter als Ausgangspunkt dient.

Die Fährtenarbeit unterscheidet man dabei in zwei verschiedene Hauptdisziplinen, wobei man im Regelfall eher die sogenannte **mechanische** Bodenverletzung meint, wenn man von Fährtenarbeit spricht. Die andere Disziplin ist das **Mantrailing** – dabei handelt es sich um die gezielte Personensuche anhand von Geruchsspuren.

Um kurz auf das Mantrailing genauer einzugehen: Diese Art der Fährtenarbeit stammt ursprünglich aus den USA und sie findet ihren Nutzen in der Suche von vermissten Personen oder solchen, nach denen gefahndet wird. Es dürfte also wenig überraschend sein, dass dementsprechend ausgebildete Hunde sich besonders in Rettungsstaffeln oder bei der Polizei finden. Dort landen sie aber auch erst nach bis zur drei Jahren gründlicher Ausbildung, denn ein Vierbeiner, auf dem so viel Verantwortung lastet, muss auch zuverlässig bei der Sache sein.

Heute findet sich das Mantrailing aber auch viel öfter bei Privatpersonen, als man erst einmal meinen sollte. Ähnlich wie die Suche auf der Fläche mit vorbereiteten Fährten, denen wir uns im weiteren Verlauf genauer widmen werden, ist es eine hervorragende und natürliche Form der Auslastung.

Generell setzt man dabei auf die Verfolgung eines „Individualgeruchs", der beispielsweise durch abgestorbene Hautzellen und natürliche Ausdünstungen geschaffen und von Umgebungsfaktoren beeinflusst wird. Dieser Geruch ist so einzigartig wie ein Fingerabdruck – und kann daher von Hunden über Gegenstände (z. B. Kleidungsstücke) aufgenommen und verfolgt werden.

Bei der Suche auf der Fläche, also der mechanischen Fährtenarbeit, wird im Regelfall dagegen nach Gegenständen auf einer vorher angelegten Fährte gesucht und nicht nach Personen.

Heute hat sich diese Disziplin besonders in sportliche Bereiche ausgedehnt, findet aber auch nach wie vor in der Jagdszene teils ihre Verwendung. Dort hat sie nämlich auch ihren Ursprung, denn die Spürnasen waren schon immer beliebte und zuverlässige Helfer auf der Jagd nach Wild. Sie konnten die Beute nicht nur aufspüren und aus dem Gebüsch treiben, sondern sie auch näher zum Jäger scheuchen und gefallene Beutetiere zum Teil apportieren. Früher war das teilweise sogar überlebenswichtig, heute ist es „nur noch" eine besonders hilfreiche Unterstützung für den jeweiligen Jäger.

In diesem Kapitel werden Sie mehr über die Voraussetzungen und das nötige Equipment erfahren sowie darüber, was es mit der Fährtenarbeit überhaupt auf sich hat und inwiefern sich diese Ausbildung mit den typischen Eigenschaften der Spürnasen aus der Jagdszene beschäftigt.

FASZINATION FÄHRTENARBEIT

Sicher hat man das eine oder andere Mal bereits Hundebesitzer mit ihren Vierbeinern auf Feldern herumspazieren sehen – nur dass es sich dabei womöglich gar nicht um einen normalen Spaziergang abseits des Weges handelt.

Tatsächlich beobachtet man in diesem Moment womöglich Mensch und Hund bei der Fährtenarbeit, was sogar eine anerkannte Hundesportart ist – für Gebrauchshunde gibt es sogar Pflichtprüfungen, für die die sogenannte IPO gilt: eine einheitliche, internationale Prüfungsordnung. Diese gibt es speziell für internationale Prüfungen für Gebrauchshunde, die wiederum in drei Bereiche unterteilt werden: Fährte bzw. Spur, Unterordnung bzw. Gehorsam und Schutzdienst bzw. Verteidigung. Um die gesamte Prüfung zu bestehen und das Ausbildungskennzeichen IPO (1 bis 3) zu erlangen, muss jeder Teilbereich mit mindestens 70 % der Punkte abgeschlossen werden.

Der Teilbereich zur Fährte umfasst „lediglich" das erfolgreiche Ausarbeiten einer Fährte. Welche Eckdaten diese drei möglichen Fährten haben, können Sie in einer Auflistung im letzten Kapitel dieses Buches noch einmal genauer unter die Lupe nehmen.

Bei der Unterordnung werden dagegen mehrere Dinge abgefragt, darunter beispielsweise das Bringen eines Gegenstandes auf einer ebenen Fläche, das Voraussenden des Hundes und der Sprung über eine Hürde.

Im Schutzdienst wird hauptsächlich der Beutetrieb angesprochen. Sie haben sicher schon einmal von den dicken Armschützern gehört, die Hunde scheinbar aggressiv anfallen (das sind sie aber nicht). Und um nichts anderes geht es: Der Hund wird darauf trainiert, nur diesen Arm als Beute zu betrachten, sich also für den Rest nicht zu interessieren. Einen weiteren Anteil dieses Bereiches macht auch eine Form des Mantrailings aus: Eine Person wird gesucht, vom Hund durch Bellen angezeigt und selbstständig von der Flucht abgehalten.

Wie Sie sehen, sind die Gebrauchshundeprüfungen eng miteinander verflochten: Die Fährte findet sich im Schutzdienst wieder und ohne die Unterordnung ist der Schutzdienst praktisch undenkbar. Nur in einem perfekten Zusammenspiel der drei Faktoren lässt sich ein guter Gebrauchshund ausmachen.

Die Schwierigkeiten in der Fährtenarbeit sind vielfältig und variierbar, je nach Trainingsstand des Hundes – angefangen von einer Fährte von rund 300 Schritten bis hin zu 1800 Schritten, inklusive Straßenüberquerungen, steigender Anzahl der Suchgegenstände und einem Terrainwechsel. Dem Programm sind sowohl innerhalb als auch außerhalb der Prüfungen keinerlei Grenzen gesetzt – es gibt sogar Deutsche Meisterschaften und internationale Wettbewerbe, wenn man es mal so richtig kompetitiv angehen möchte.

Und wenn das noch nicht interessant genug ist: Es gibt sogar Leute, die sich damit befassen, die Fährtenarbeit als eine Möglichkeit zum Therapieren von verhaltensauffälligen Hunden heranzuziehen. Das kann von fehlender Konzentration bis Aggression jeden möglichen Bereich abdecken – zum Teil wird die Fährtenarbeit wohl sogar genutzt, um Angstsituationen zu bewältigen, da der Hund natürlich im Feld immer mal wieder mit bestimmten Faktoren konfrontiert wird – darunter beispielsweise Traktoren, die dem einen oder anderen Hund mit Sicherheit nicht geheuer sind. Aber das Ganze kann auch sehr viel tiefer greifen und gezielt genutzt werden, um Hunde mit weniger üblichen Ängsten zu konfrontieren und sie gleichzeitig über die Fährtenarbeit zu belohnen und ihnen zu vermitteln, dass die Situation durchaus erträglich sein kann.

Das Schöne an der Fährtenarbeit ist, dass es sich dabei um eine Arbeit handelt, die dem Hund von Natur aus am nächsten ist – unsere geliebten Vierbeiner haben je nach Rasse mit bis zu 220 Millionen Riechzellen im wahrsten Sinne die Nase gegenüber dem Menschen vorn (der Bloodhound sogar mit etwa 300 Millionen!) – wir können nur mit rund fünf Millionen aufwarten. Die Fähigkeit, zu riechen, ist bei unseren pelzigen Freunden also rund 40-mal besser ausgeprägt als bei uns selbst. Das wird auch noch durch die Art und Weise verstärkt, *wie* sie riechen: Die kurzen und heftigeren Atemzüge, die ein Hund beim Schnüffeln nutzt, sprechen seine Riechzellen deutlich effektiver an. Somit wird er sensibler für alle möglichen Gerüche, die für einen Menschen überhaupt nicht mehr wahrnehmbar sind. Und als wäre das noch nicht genug, kann ein Hund dank dieser Ausprägungen sogar „stereoriechen“: Seine beiden Nasenlöcher können Gerüche völlig getrennt voneinander aufnehmen und räumlich zuordnen, ähnlich wie wir über unser Gehör. Er kann dadurch also sogar gleichzeitig erkennen, welcher Geruch woher kommt, völlig unabhängig davon, wie lange er schon in der Luft hängt.

Während wir also bei der Orientierung hauptsächlich auf unsere Augen (und Ohren) vertrauen, wählen die Vierbeiner ihre unfassbar stark ausgeprägte Spürnase, um zu „sehen.“

Selbstverständlich gilt das aber auch nicht für alle Rassen gleichermaßen, denn nicht alle wurden dahingehend gezielt gezüchtet: Wie bereits erwähnt, übertrifft der Bloodhound hier sämtliche Zahlen mit Leichtigkeit, aber auch die Spürnasen im Bereich der 200 Millionen Riechzellen sind noch mit überwältigend feinen Nasen ausgestattet. Darunter fallen beispielsweise der Deutsche Schäferhund, der Beagle oder auch der Labrador Retriever – der Dackel wird mit seinen „nur“ 125 Millionen Riechzellen von ihnen regelrecht abgehängt.

Hunde sind auch aus dieser genetischen Veranlagung heraus eher daran gewöhnt, die Fährte von tatsächlichen Beutetieren zu verfolgen und nicht die eines Menschen, da wir nicht Teil ihres Beuteschemas sind. Der Trick an der Fährtenarbeit ist also, den Hund dementsprechend neu zu trainieren, so dass er auf menschliche Fährten anspringt.

Das Ziel der Fährtenarbeit besteht allerdings nicht darin, dem Hund das simple Verfolgen der Spur beizubringen, denn das beherrscht er schon längst. Ziel ist, dass der Vierbeiner lernt, nicht nur einfach zu verfolgen, sondern auch wirklich auf der Spur des Fährtenlegers zu bleiben – und dann auch deutlich anzuzeigen, was er wo erschnüffelt hat (im Regelfall also einen Gegenstand). Die Fährtenarbeit bringt jedoch eine ganze Bandbreite an Herausforderungen mit sich. Sie dient nicht nur als hervorragende Auslastung der Jagdinstinkte, ohne tatsächlich auf die Jagd zurückzugreifen, sondern fördert auch weitere Eigenschaften Ihres Hundes. Und jeder Hund muss effektiv ausgelastet werden – sowohl geistig als auch körperlich. Hierfür eignet sich die Fährtenarbeit optimal sowohl als Hundesport als auch als Aufgabe.

Die regelmäßigen Erfolgserlebnisse beispielsweise wird Ihr Vierbeiner nicht nur mit Ihnen verknüpfen, sondern er wird auch mehr Vertrauen in seine eigenen Fähigkeiten erlangen. Durch das häufige Training wird also auch direkt sein Selbstvertrauen gesteigert – aber das ist längst nicht alles, denn ein anderer Aspekt, der permanent gefördert wird, ist die Konzentrationsfähigkeit Ihres Hundes.

Durch das genaue Ausarbeiten einer Fährte – bzw. die Arbeit, die zu diesem Verhalten hinführt – wird die Konzentration ständig gefordert. Dadurch, dass Fährten stetig in der Länge variieren und mal kürzer, mal länger ausfallen, wird Ihr Hund immer wieder vor neue Herausforderungen gestellt und wird dadurch auch konstant dazu angehalten, seine Konzentration dementsprechend anzupassen. Aber was braucht man denn nun für die Fährtenarbeit alles?

AUSRÜSTUNG

Insgesamt braucht man weniger, als man erst einmal befürchtet. Am wichtigsten sind ein geeignetes **Fährtenfutter** – auf das zu einem späteren Zeitpunkt noch einmal eingegangen wird – und eine ausreichend lange **Leine** sowie ein sogenanntes **Suchgeschirr** – wobei letzteres nur eine deutliche Empfehlung ist, da Geschirre sich zur Leinenarbeit schlichtweg besser eignen als nur ein simples Halsband und weil sich im Falle der menschlichen

Einwirkung auf den Hund der Druck deutlich gesünder verteilt. Es belastet so nicht potenziell die Atemwege – und kreiert somit von vornherein ein eher positives Erlebnis für den Hund.

Ein „Suchgeschirr" ist prinzipiell aber auch nichts anderes als ein normales Brustgeschirr, das man im Regelfall in jedem guten Tierfachgeschäft findet. Die Leine sollte auf dem Rücken oder an der Brust einhakbar sein, aber sehr viel mehr muss es im Grunde nicht bieten.

Viel wichtiger ist tatsächlich, dass man seinen Hund dazu bringt, das Geschirr mit der Fährtenarbeit zu verbinden – man nutzt also speziell dieses eine Geschirr nur dafür und ansonsten nicht. So weiß Ihr Hund auch von vorneherein, wo die Reise am jeweiligen Tag hingeht.

Leinen sollte man auf lange Sicht in unterschiedlichen Längen bereithalten. Zu Beginn genügt eine Leine von 2 bis 3 Metern, aber früher oder später bietet es sich an, auf die deutlich längeren Schleppleinen umzusteigen. Allerdings lohnt es sich häufig, die langen Leinen nur kurz vor Prüfungen etc. zu nutzen, da sie dort eher gefordert werden. Im Training sind die kürzeren Modelle für die kontrollierte, sanfte Einwirkung deutlich nützlicher. Für den Zweibeiner im Besonderen sind festes Schuhwerk zum Verletzen des Bodens (und zum Vermeiden eigener Verletzungen) und warme Kleidung sinnvoll – generell eben die Dinge, die Sie auf einem ausgedehnten Spaziergang dabei haben, nicht etwa, weil Sie stundenlang trainieren werden, denn das ist bei den meisten Vierbeinern gerade zu Beginn längst nicht so ergiebig wie kurze, aber wiederholte Trainingseinheiten, die die Übungen festigen (insbesondere auch durch unterbewusstes Training im Alltag), sondern weil Sie unter freiem Himmel jederzeit von der Natur überrascht werden könnten.

Wie Sie die Übungen später erweitern, ist Ihnen überlassen. Am Ende der Fährte können Sie zu einem späteren Trainingszeitpunkt Gegenstände verstecken, die der Hund finden muss, wie es in den IPO gefordert ist, oder Sie können mit klar sichtbaren Markierungen an der Fährte (wie zum Beispiel Schildern) arbeiten, damit Ihr Hund bei Sichtkontakt mit der

Markierung bereits weiß, was ihn erwartet – das liegt ganz bei Ihnen. Ansonsten fehlen dann nur noch die essenziellen Dinge: ein Acker bzw. eine ungenutzte Wiese, Wasser für Ihren Hund, Ihr Hund und Sie selbst!

VORAUSSETZUNGEN VON HUND & MENSCH

Fährtenarbeit ist im wahrsten Sinne des Wortes ein Spaß für jedermann. Die Fitness von Hund und Halter spielt hier nahezu keine Rolle, solange Sie nicht beabsichtigen, sich auf sportlicher bzw. Wettkampfebene damit zu befassen. Solange Sie beide sich sicher im freien Feld (und damit auf Ihrer gewählten Übungsfläche) bewegen, steht Ihnen nichts im Weg. In puncto Gehorsamkeit geht es mehr oder weniger auch nur um das Nötigste, ergo die Grundkommandos. Fürs Erste genügt es völlig, wenn Ihr Vierbeiner weiß, was „Sitz", „Platz" und „Bleib" bedeuten und diese zentralen Kommandos problemlos ausführen kann.

Sie haben einen älteren Hund, mit dem Sie entspannt noch etwas Neues ausprobieren wollen? Kein Problem! Sie haben einen Junghund, den Sie beschäftigen wollen? Auch immer gern gesehen, solange er über 15 Wochen alt und bereits an Sie gewöhnt ist.

Solange Ihr Hund die Grundkommandos beherrscht und leinenführig ist sowie ein Lieblingsfutter hat oder sich generell über Leckereien freut und sie gerne als Belohnung annimmt, ist Ihr Vierbeiner bereit für das Training. Das Alter spielt längst keine so große Rolle, wie man zunächst denken mag. Grundsätzlich sind Hunde auch bis ins hohe Alter hinein noch sehr lernfähig. Das Wichtigste ist dabei lediglich, dass Ihr Vierbeiner motiviert für seine neue Aufgabe ist.

Und Sie selbst? Mit Geduld, Ruhe und ein wenig Flexibilität und einem selbstbewussten Auftreten als Führungsperson gegenüber Ihrem Hund sind Sie abseits der materiellen Ebene bereits voll ausgestattet für ein erfolgreiches Fährtentraining. Wenn Sie das Ganze jedoch motiviert auf sportlicher Ebene angehen wollen, sollten Sie es natürlich auch nicht unterschätzen – es kann besonders auf langen Fährten unfassbar anstrengend für Ihren Hund werden (und für Sie, je nachdem, wie das Wetter mitspielt). Die Fährtenarbeit bedeutet eine Dauerbelastung für die Nase Ihres Hundes auf einem massiv gesteigerten Niveau im Gegensatz zum normalen Einsatz. Die hohe Konzentration und gesteigerte Atemfrequenz verlangen Ihrem Vierbeiner auf langen Strecken natürlich auch einiges ab – das sollte man wirklich nicht unterschätzen! Eine gute Ausdauer ist bei sportlichen bzw. Wettkampf-Absichten unerlässlich, wenn Sie nicht die Gesundheit Ihres Hundes riskieren wollen – und das möchten Sie sicher nicht. Im Zweifelsfall können Sie in solchen Fragen auch immer Ihren Tierarzt um Rat bitten – besonders, wenn es darum geht, ob Ihr Vierbeiner körperlich und geistig noch in der Lage für diese Sportart ist.

Für die Teilnahme an Prüfungen und Wettkämpfen gelten natürlich auch noch besondere Voraussetzungen. Streben Sie eine richtige Fährtenhund-Ausbildung an, wird auch eine bestandene Begleithund- oder Vielseitigkeitsprüfung vorausgesetzt. (Die Begleithundeprüfung ist dabei eine Vorstufe von der Vielseitigkeitsprüfung, die für Gebrauchshunde ins Leben gerufen wurde: also für Schutz- oder Fährtenhunde sowie auch eine weiterführende Begleithund-Ausbildung. In dieser Prüfung werden neben theoretischem Wissen des Hundeführers auch eine Grundausbildung in Gehorsam – z. B. Leinenführigkeit, Sitz, Platz, Freifolge etc. – und die Verkehrssicherheit des Hundes abgefragt.)

Des Weiteren muss Ihr Hund mindestens 18 Monate alt und geimpft sein. Wichtig ist außerdem auch, dass er gechippt oder tätowiert ist – und natürlich mit einer Hundehaftpflichtversicherung versichert ist.

Und als letzte Voraussetzung für die Teilnahme gilt: Sie müssen Mitglied in einem Verein oder in einem von dem VDH anerkannten Verband sein. Sind auch diese Voraussetzungen erfüllt, steht im Prinzip nichts mehr zwischen Ihnen und Ihrem sportlichen Engagement.

TYPISCHE EIGENSCHAFTEN VON JAGDHUNDEN

An dieser Stelle nun ein kleiner „Exkurs“, bevor Sie in die Trainingsgrundlagen eintauchen dürfen – und zwar zu den Jagdhunden. Jeder gute Jagdhund ist auch ein hervorragender Fährtenleser und dementsprechend ausgebildet. Es gibt einige typische Rassen, denen man in diesem Bereich häufiger über den Weg läuft, wie Jagdterrier, Münsterländer, Beagles und Dackel, und die lange Zeit speziell darauf ausgerichtet gezüchtet wurden und es auch heute noch werden.

Fährtenhunde und Jagdhunde sind einander sehr ähnlich, aber gleichzeitig auch überhaupt nicht – und zwar, da Fährtenhunde im Regelfall eben auf menschliche Fährten hin ausgebildet sind, während Jagdhunde eher ihren Instinkten entsprechend trainiert werden. Sie dürfen tierische Fährten verfolgen, wenn sie zum Einsatz kommen. Die generelle Ausbildung verläuft aber insgesamt sehr ähnlich – weswegen man Jagdhunde im Grunde auch als Fährtenhunde bezeichnen könnte, solange man nicht vergisst, dass ihre Zielobjekte sich bedeutend unterscheiden. Daher auch dieser Exkurs: So bekommen Sie einen kurzen Einblick dahingehend, was in einem anderen Bereich der Fährtenarbeit gefordert wird und an welchen Eigenschaften diese aufgehängt werden. (Wenig überraschend kann man aber von vorneherein sagen: Die Eigenschaften, die Ihnen hier begegnen werden, sind zu einem Großteil auch die Eigenschaften, die einen besonders guten Fährtenhund auf Nicht-Wildfährten ausmachen.)

Jagdhunde werden noch einmal in mehrere Gruppen unterteilt und daher auch untereinander immer etwas anders ausgebildet. Man unterscheidet bei ihnen in Vorsteh-, Schweiß-, Erd-, Stöber- und Apportierhunde sowie in Bracken oder Laufhunde – selbstverständlich gibt es aber auch immer einige Allrounder, die auch für mehrere Aufgaben oder das Gesamtpaket ausgebildet werden können, aber da müssen beim Hund dann eben auch die richtigen Voraussetzungen gegeben sein.

Die Frage ist nun, welche Eigenschaften bei diesen Vierbeinern üblich sind und inwiefern sich diese zum Teil auch angeborenen Veranlagungen in der Fährtenarbeit äußern – denn ganz besonders, wenn Sie sich eine typische Jagdhund-Rasse zulegen, aber nicht auf die Jagd gehen, sollten Sie auf eine vergleichbare Auslastung zurückgreifen können. Und an dieser Stelle bietet sich die Fährtenarbeit doch regelrecht an, fördert sie doch einige dieser Eigenschaften ebenfalls.

Vorstehhunde

Vorstehhunde sind noch gar nicht so lange in der Jagd als eigene Gruppe vertreten. Sie gelten als Allrounder für alles, was vor und nach dem Schuss passiert, und sind im Regelfall sowohl an Land als auch im Wasser sehr gut ausgebildet und daher umso flexibler einsetzbar.

Eines ihrer stärksten Merkmale ist eine extrem feine Nase, da sie besonders dafür ausgebildet werden, dem Menschen frühzeitig das Wild anzuzeigen bzw. vorzustehen – daher auch ihr Name. Sie zeigen das Wild natürlich nicht durch Bellen an, denn das würde ihre Beute augenblicklich aufscheuchen. Vielmehr bleiben sie starr stehen und geben keinen Mucks mehr von sich, während sie in die entsprechende Richtung starren. Häufig bekommt man dabei auch ein angewinkeltes Bein zu sehen.

Vor dem Einsatz von Schusswaffen dienten sie besonders für die Jagd auf Wachteln und Rebhühner, was sich auch so beibehalten hat. Das Aufspüren von Wild ist aber bei Weitem nicht ihre einzige Qualität, ihr Ruf als Allrounder kommt nicht von ungefähr: Auch Wild zu apportieren, gehört zu ihrem Repertoire.

Heute sind sie außerdem mutmaßlich die am stärksten vertretene Gruppe unter den Jagdhunden und ihre primären Rassen wie der Deutsch Langhaar oder Gordon Setter finden sich auch hauptsächlich unter Jägern, abgesehen vom kleinen Münsterländer und den Weimaranern, die sich auch bei anderen Haltern großer Beliebtheit erfreuen.

Schweißhunde

Sogenannte Schweißhunde haben ihren Namen davon, wonach sie suchen sollen: schweißendem Wild. Das bedeutet im Grunde nichts anderes als blutendes Wild.

Schweißhunde sind ebenfalls ganz besonders auf ihre feinen Nasen angewiesen und wurden für die Jagd auf Großwild wie Hirsche (womöglich sogar Bären) genutzt.

Heute sind besonders der Hannoversche Schweißhund und der Bayrische Gebirgsschweißhund in der Jagd bekannt, aber prinzipiell wurden Schweißhunde wohl gezielt aus den Bracken herangezüchtet – und zwar primär aus deren gezielt trainierten Leithunden. Diese galten als ganz besonders fährtentreu und feinnasig, aber mit dem Auftreten der Schusswaffen wurden sie weniger nützlich, da ihre Leithund-Qualitäten nicht mehr unbedingt nötig waren, aufgrund des zurückgehenden Einsatzes von Hundemeuten zur Jagd. Durch die gezielte Kreuzung der Leithunde mit anderen Bracken erhielt man sich jedoch ihre guten Eigenschaften und schaffte so eine Jagdhundeform, die durch ihre gute Nase und ihren stark ausgeprägten Finderwillen in der Nachsuche von verletzten oder kranken Tieren erstklassig wurde.

Bracken/Laufhunde

Bracken sind vor allem auch als Laufhunde oder „jagende Hunde“ bekannt und die mit Abstand älteste Form von Jagdhunden. Es gibt unzählige Arten von ihnen – zu denen übrigens auch der Beagle gehört – und sie eignen sich dank ihrer Fährtenwilligkeit und der Tatsache, dass sie als besonders fährtenlaut gelten, hervorragend für die Nachsuche von Hoch- und Niederwild. (Fährten- oder Spurlaut bedeutet, dass der Hund auf der Fährte eines Tieres regelmäßig ein akustisches Signal – ein bestimmtes

Bellen – von sich gibt. Einige Hunde sind mit dieser Veranlagung geboren und es kann gefördert, aber nicht oder nur sehr schwer gezielt trainiert werden.) Besonders in der Fuchs- und Hasenjagd haben sie sich lange Zeit bewährt.

Abseits von Jägern trifft man sie nur selten an, da ihre zähe Art, ihre feine Nase und ihre Veranlagung zum Lautgeben sich am ehesten an der Seite eines Jägers befriedigen lässt.

In England trifft man Bracken auch in großen Meuten (abgesehen vom Beagle), aber generell sind Bracken heute eher solo mit ihrem Jäger unterwegs.

Stöberhunde

Der Name dieser Jagdhundeform sagt Ihnen sicher bereits genug: Die Stöberhunde sind auf die Suche im Unterholz spezialisiert. Ihr Job ist es, Niederwild wie Fasan, Hase und Reh aus der Deckung zu scheuchen – daher ist nicht nur ihre Nase gefragt, sondern auch eine gute Ausdauer und eine gewisse Selbstständigkeit gehören zu ihren typischen Charakteristika.

Im Regelfall handelt es sich bei ihnen eher um kleinere Hunde – im deutschen Raum finden sich daher besonders der Deutsche Wachtelhund und Cocker Spaniel.

Ehemals wurden sie als ebenfalls fährtenlaute Hunde für die Arbeit vor dem Schuss genutzt, heute übernehmen sie zum Teil aber auch Apportierarbeiten, sowohl an Land als auch im Wasser.

Erdhunde

Unter der Erde zu jagen, ist die Spezialität dieser Spürnasen – Erdhunde sind die kleinsten Jagdhunde und können dadurch auch Raubwild wie Füchse und Dachse in deren Bau verfolgen. Die Terrier und Dackel, deren Kreuzungen auch den häufig eingesetzten Teckel in die Jagdszene brachten, zählen durch ihren Status als Zwergbracken im Prinzip auch zu den Laufhunden.

Sie werden zwar primär für die Jagd im Bau eingesetzt, mit dem richtigen Training können sie jedoch auch problemlos in anderen Teilbereichen eingesetzt werden. Ihre Größe macht sie durchaus beliebt, da Wild dazu neigt, weniger panisch vor ihnen zu flüchten – ein so kleiner Hund müsste für sie doch eigentlich weniger Ärger bedeuten als ein deutlich größerer.

Gerade Terrier sind heute auch kaum mehr aus der Jagdszene wegzudenken, obwohl sie erst spät dazukamen und dann auch primär als Erdhunde genutzt wurden – dabei sind sie bei Saujagden durch ihr lautes Jagdverhalten extrem nützlich.

Apportierhunde

Ausdauer und Fährtenfreudigkeit werden bei ihnen großgeschrieben: die Apportierhunde. Da sie primär darauf ausgelegt sind, die Beute nach dem Schuss zu ihrem Jäger zurückzutragen, sind auch sie natürlich auf ihre Nase und eine gewisse Selbstständigkeit angewiesen, um die erschossene Beute, vorzugsweise Niederwild wie Vögel, erfolgreich zu finden. Das kann gut und gerne auch einmal im Wasser enden, also sind auch Vierbeiner sehr gefragt, die gerne mal eine Runde schwimmen gehen, aber dabei die Fährte nicht aus den Augen – oder aus der Nase – verlieren.

Apportierhunde sind im Regelfall eher stille Hunde; der Fährtenlaut ist für sie absolut kein Muss. Normalerweise soll er immerhin nur etwas finden, was ohnehin schon erlegt wurde, und nichts Neues aufscheuchen.

Es ist bei all diesen Qualitäten vermutlich wenig überraschend, dass sich ausgerechnet die Retriever-Arten (wie beispielsweise Labradore) durchgesetzt haben. Ihre ruhige, zuverlässige und freundliche Art ist außerhalb der Jagd unglaublich beliebt, macht sich aber auch in der Jagdszene ausgesprochen gut: Retriever wollen häufig ihrem Hundeführer gefallen und sind daher umso bemühter, ihre Aufgabe richtig zu erfüllen – und wenn die Aufgabe dann primär im Apportieren (und Schwimmen) besteht, fügen sie sich dem natürlich besonders gern. Ansonsten sind sie in der Jagd tatsächlich aber nicht besonders nützlich – den gutmütigen, leisen Vierbeinern mangelt es meistens dann doch einfach an der nötigen Wildschärfe.

Jagdhund oder nicht?

Sie fragen sich jetzt sicher, ob nur bestimmte Rassen für die Jagd zugelassen sind, nur weil sie speziell dafür gezüchtet wurden. Die Antwort darauf ist simpel: Nein.

Andere Hunde(rassen) können auch teils nahezu problemlos für die Jagd trainiert werden bzw. für einen ihrer Teilbereiche. Es wird vielleicht etwas mehr Zeit und Geduld benötigen, aber prinzipiell hängt es wirklich individuell von jedem Hund ab, ob er sich auf der Jagd beweisen kann oder nicht.

Jede Rasse besitzt einen Jagdinstinkt, denn jeder Hund ist im Grunde immer noch ein Raubtier – ein Jäger und Fährtenleser. Bei manchen Rassen mag dieser Instinkt durch die gezielte Zucht deutlich stärker ausgeprägt sein als bei anderen, aber das bedeutet nicht, dass nicht andere Rassen es ebenfalls erlernen könnten. Dementsprechend ist also auch jeder Hund dazu in der Lage, der Fährtenarbeit nachzugehen.

Trainingsgrundlagen

WIE HUNDE LERNEN & WARUM BINDUNG ESSENZIELL IST

Wenig überraschend haben auch Hunde, ähnlich wie Menschen, bestimmte Lernmuster und es gibt unterschiedliche Methoden, an das Ziel zu gelangen – manche mehr und manche weniger effektiv.

Lernen ist im wahrsten Sinne des Wortes überlebenswichtig für so manch einen Vierbeiner, denn wer nicht lernt, verliert unweigerlich außerhalb eines sicheren Umfelds – man denke in dieser Hinsicht nur einmal an Straßenhunde, die sich permanent an Situationen anpassen müssen, um jeden Tag zu meistern.

Bei Lernprozessen handelt es sich im Grunde um nichts anderes als eine Anpassung des Verhaltens aufgrund neuer Erfahrungen – und wer das im Training immer im Hinterkopf behält, hat sich den Weg vielleicht direkt ein Stück leichter gemacht.

Welchen Weg genau man nun wählt, liegt am Ende im Ermessen der Einzelperson und in der Einschätzung, was am besten funktionieren wird, aber die Optionen sind vielfältig: Von simpler Gewöhnung über

Furchtkonditionierung bis hin zu sozialem Lernen gibt es viele, viele Wege, einen Hund zum gewünschten Ergebnis zu begleiten, aber man ist sich inzwischen relativ einig, dass Hunde neue Dinge am besten abspeichern und verknüpfen, wenn sie sie spielerisch erlernen dürfen.

Was man auf jeden Fall aber über seinen Hund wissen sollte, bevor man sich ins Vergnügen stürzt: Hunde denken nicht im gleichen Maße kognitiv wie Menschen. Sie können Ihnen zwar versuchen, etwas zu erklären, aber das wird im wahrsten Sinne des Wortes auf taube Ohren stoßen, denn Hunde lesen eher nonverbale Signale wie Gestik und Mimik als verbale – wie wir es tun. Warum das so ist, liegt einfach an ihrer zwischentierischen Kommunikation. (Wenn Sie dazu noch mehr lesen möchten, dann lesen Sie gerne einfach dieses Kapitel zu Ende.)

Eine wichtige und inzwischen weit verbreitete Meinung ist außerdem, dass man sich nicht auf feste Trainingszeiten versteifen sollte, sondern das Training auch in den Alltag einfließen lässt. Man fördert dabei mehr oder weniger unbewusst das Lernen der Tiere, denn unsere tierischen Freunde halten sich mit ihrem Lernfortschritt nicht einfach an irgendwelche Zeitrahmen, die ihnen gesetzt werden. Sie lernen rund um die Uhr dazu, selbst im Schlaf verarbeiten sie genauso wie wir auch das Erlebte des Tages und festigen die Vorgänge so weiter. Daher ist es wichtig, gewünschtes Verhalten zu jeder Zeit zu unterstützen – das Ziel ist also, jeden Tag kleine Lernsituationen zu erschaffen – die man natürlich bewusst lenken sollte –, damit man weiterhin das fördern kann, was man bei seinem Vierbeiner sehen möchte. Das ist außerdem auch eine gute Unterstützung für die Konzentration Ihres Hundes! Je öfter man solche Dinge in den Alltag einfließen lässt, desto weniger schnell wird Ihr Vierbeiner von längeren Trainingseinheiten erschöpft sein – ganz zu schweigen davon, wie vorteilhaft es für die Impulskontrolle sein kann. Wenn Ihr Hund also auch außerhalb des Trainings gelegentlich den Impuls bekommt, sich für Ihre Aufforderung zu entscheiden, statt seinen eigenen Plänen zu folgen, kann sich das über kurz oder lang auf jeden Fall bezahlt machen!

Es ist nicht selten, dass man den Umstand vergisst, dass Tiere permanent lernen, wie wir selbst auch. Statt aktiv und reflektiert etwas zu unternehmen und beispielsweise das Setting zu verändern und die Leitung über eine Situation zu übernehmen, stochert man dann eben ratlos nach der Lösung, wie der Hund sich ein ungewünschtes Verhalten angeeignet hat, und sucht Experten und Coaches auf, die den Hund doch bitte wieder richten sollen – in dem Glauben, dass das Problem hier beim Hund liegt, obwohl man es selbst nichtsahnend begünstigt hat.

Aber das nur als Überleitung zum nächsten Abschnitt: Welche Rahmenbedingungen bringt das Training mit sich und warum sind sie denn nun so wichtig? Und auf welche Lerntheorien beziehen wir uns hier für den Rest der Zeit?

MENSCH & HUND: EINE TIEFE BINDUNG

Mensch und Hund sind seit langer Zeit eine Einheit – schon in der Steinzeit vor 10.000 Jahren wurden Hunde in den Familienverbänden gehalten und übernahmen essenzielle Aufgaben des Zusammenlebens. Häufig begegnet man entweder Leuten, die tatsächlich eine starke Bindung zu ihrem Hund vorweisen, oder jenen, die dies nur glauben, aber in tatsächlichen Trainings- oder ernsten Situationen keinen Fuß bei Ihrem Tier in der Tür haben und praktisch ignoriert oder nur sehr halbherzig wahrgenommen werden.

Aber das Ziel sollte sein, dass man sich so sehr auf Augenhöhe mit seinem tierischen Partner bewegt, wie das eben möglich ist (und damit ist jetzt wirklich nicht räumlich gemeint).

Um eine wirkliche Bindung zu seinem Vierbeiner zu erlangen, ist es besonders wichtig, nicht in Extremen zu denken: Eine super strenge Erziehung führt genauso ans Ziel wie den Hund mit Streicheleinheiten und Leckerlis zu überschütten. Es ist wesentlich wichtiger, dass man hier einen guten Mittelweg findet, denn nicht jede Beziehung zu einem Hund ist auch gleich eine enge Bindung. Beziehungen finden sich an jeder Ecke: auf der Arbeit, zu den Nachbarn oder auch einfach nur, wenn man regelmäßig einen Ort aufsucht und das Personal Sie bereits beim Namen kennt. Eine Bindung dagegen geht wesentlich tiefer und ist sehr viel vertrauter und zeitintensiver als das und genau das streben Sie in der Vorbereitung auf das Training auch an. Sie und Ihr Hund wollen als ein enges Team Spaß haben und gemeinsam dazulernen und weiter zusammenwachsen – und nicht wie Arbeitskollegen Ihre Jobs nebeneinanderher erledigen.

Vergessen Sie dabei aber nicht: Eine Bindung ist ein dynamischer Prozess und kein starres Produkt, das, einmal aufgebaut, für immer da sein wird. Wie auch zwischen Menschen können sich Beziehung und Bindung verstärken, aber eben auch abschwächen und vielleicht unter extremen Umständen sogar gänzlich auflösen. Gerade aber durch gemeinsames Training und eine gemeinsame Aufgabe, wie beispielsweise Fährtenarbeit, kann man die Bindung zwischen Ihnen und Ihrem Hund ausgezeichnet immer weiter festigen und verbessern – nicht zuletzt, weil Sie sich hier gegenseitig noch einmal auf einer ganz neuen Ebene kennenlernen und miteinander interagieren werden.

Jetzt stellen Sie sich aber vielleicht die Frage: Und woran erkenne ich, wie unser Verhältnis zueinander momentan ist? Wenn Ihr Hund eine tatsächliche Bindung zu Ihnen hat, wird er gerne Zeit mit Ihnen verbringen und aktiv Ihre Nähe immer wieder aufsuchen und auf Zeichen achten, ohne dass Sie ihn ständig (und laut) daran erinnern müssen. Es herrscht ein gewisser Respekt zwischen den Parteien und man achtet aufeinander und kooperiert bereitwillig.

Wenn es um Junghunde geht, sollte man aber immer im Kopf behalten, dass es bis etwa zur 14. Lebenswoche schwierig bis unmöglich ist, eine tatsächliche, stabile Bindung aufzubauen, denn die kleinen Schnüffler finden in diesem Zeitraum wirklich alles interessant und jeder Mensch ist besser als der nächste.

Generell gilt aber natürlich, dass auch Hunde einen eigenen Charakter haben – also ist es natürlich schwierig, pauschal zu sagen: „So hat eine Bindung zwischen Hund und Halter auszusehen."

Warum Ihr Hund einen starken Menschen braucht

Hunde sind Rudeltiere und orientieren sich dementsprechend an ihrem Rudelführer – das sind im Regelfall Sie. Die Vierbeiner sind es von Natur aus gewöhnt, sich in eine soziale Struktur einzuordnen, die ihnen Führung gibt und sagt, wie sie sich in bestimmten Situationen richtig verhalten sollen. Wenn Ihrem Hund das fehlt – oder er sich selbst in der Führungsposition sieht –, werden Sie schnell mit negativ auffälligem Verhalten konfrontiert werden. Das wird nicht nur Ihnen, sondern auch Mitmenschen und deren Hunden nicht zusagen, wenn es dadurch zu gefährlichen Situationen kommen kann. Diese hätten immerhin genauso gut vermieden werden können, wenn Sie konsequent genug mit Ihrem Hund gewesen wären und klare Grenzen gesetzt hätten, wie er sich zu verhalten hat.

Das bedeutet für Sie: Sie müssen selbstsicher und konsequent vermitteln, wie die Sache aussieht. Das bedeutet nicht, dass Sie Ihren Hund anschreien sollen oder dergleichen – es geht schlichtweg darum, dass Sie in bestimmten Situationen immer gleich reagieren, wenn Ihr Hund etwas tut, was er nicht tun soll. Ein einfaches Beispiel ist Ihre Couch. Sie wollen den Hund nicht auf Ihren Möbeln haben und schicken ihn jedes Mal mit bestimmter Stimme und Geste wieder hinunter, wenn er darauf springt – und zwar wirklich jedes Mal. Ein „Ach, heute bin ich mal nicht so streng" sagt Ihrem Hund an dieser Stelle bereits „Okay, es ist also doch gar nicht so schlimm" und er wird es immer öfter versuchen. Wie bereits früher erwähnt: Sie können Ihrem Hund solche Dinge nicht einfach erklären – er versteht so etwas nicht. Eine Ausnahme gleicht für ihn automatisch einer Bestätigung seines Verhaltens.

Wenn Sie in der Erziehung Schwäche zeigen und nicht konsequent bleiben, merkt Ihr Hund sich das natürlich. Daher müssen Sie in solchen

Situationen immer stark bleiben. Ausnahmefälle sollte es besser nicht geben, wenn Sie nicht permanent zurückgeworfen werden und Dinge immer und immer wieder wiederholen wollen.

Konsequenz muss aber auch nicht immer ein „Nein" bedeuten, sondern auch positive Verstärkung mit Belohnungen. Wenn eine Forderung für Ihren Hund auch Sinn ergeben soll, kann es nie schaden, das richtige Handeln mit einem Leckerchen oder einer Streicheleinheit zu belohnen. Die positive Erfahrung und die Handlung verknüpft Ihr Hund dann miteinander, ohne dass Sie in Ihrer Position als Rudelführer untergraben werden. Eine starke Leitperson für Ihren Hund zu sein, ist wirklich wichtig, bedeutet aber auch nicht direkt, dass Sie mit Ihrem Hund hart ins Gericht gehen müssen. Stark bedeutet in diesem Zusammenhang lediglich selbstsicher und konsequent.

Zeit, Kontinuität & Klarheit: Was der Bindung hilft und was nicht

Grundsätzlich beginnt der erste Schritt in die richtige Richtung also schon mit der Frage an Sie selbst: „Was würde ich als eine gute, zwischenmenschliche Bindung bezeichnen und was erwarte ich davon?" Mit dieser Frage im Kopf können Sie sehr gut weitermachen – denn die Beziehung zu Ihrem Hund sollte von den gleichen Aspekten geprägt sein.

Die Bindung zwischen Hund und Halter ist also ein genauso komplexes Konzept wie die zwischenmenschliche, aber lässt sich auch relativ leicht auf einige bekannte Grundbausteine herunterbrechen – Kommunikation, Verständnis, Erkennen, Rückhalt, Zeit und Kontinuität.

Klare Kommunikation ist für ein gelungenes Training unerlässlich, daher bietet es sich an, sich vorher über die Körpersprache der Tiere schlau zu machen, um unnötige Fehler von vornherein zu vermeiden.

Besonders wichtig ist auch ein Grundverständnis für den Hund – Ihr Gefährte ist vermutlich alles andere als ein perfektes Individuum, das jedem Ihrer Schritte immer perfekt folgt. Auch Hunde sind „nur“ Lebewesen, die genauso schwierige Charakterzüge, Fehler und Eigenheiten besitzen, wie Sie selbst – es wäre glattweg unfair, von ihnen Perfektion zu erwarten. Sie haben also zu jedem Zeitpunkt ein eigenes Wesen mit eigenen Charaktereigenschaften vor sich – potenziell von Vorerfahrungen beeinflusst oder mit Reaktionen und Denkweisen, die sich beispielsweise von Ihren anderen Hunden völlig unterscheiden. Seien Sie darauf eingerichtet, dass Sie flexibel bleiben müssen, um Ihrem tierischen Freund gerecht zu werden. Besonders wichtig ist auch, dass Sie lernen, zu erkennen, warum Ihr Hund auf Situationen so reagiert, wie er es tut. Hat er schlechte Vorerfahrungen gemacht? Ist er besonders territorial, weil er glaubt, Sie schützen zu müssen, da er sich als ranghöheres Tier betrachtet? Woher rührt sein Verhalten und wie können Sie es verbessern und das Problem lösen?

In diesem Zusammenhang kann man auch auf den Rückhalt und Schutz eingehen, die Sie Ihrem Hund jederzeit bieten können sollten. (In welchen Situationen das beispielsweise wichtig ist, werden Sie etwas später in diesem Teilkapitel noch nachlesen können – Stichwort Eingreifen in Stresssituationen.) Wenn dem nicht so sein sollte, wird Ihr Hund am Ende womöglich mit deutlich weniger Enthusiasmus an Aufgaben herangehen.

Weitere wichtige Aspekte sind auch Zeit und Kontinuität – es braucht jede Menge Zeit und Wiederholungen, die Bindung zu festigen, ebenso wie Übungen. Natürlich gibt es Tiere, die schneller Vertrauen fassen und regelrechte Überflieger bei neuen Aufgaben sind, aber das ist mit Sicherheit nicht die Norm und umso wichtiger ist es, sich die Zeit zu nehmen, an diesen Dingen zu arbeiten.

Natürlich gibt es häufige, augenscheinlich kleinere Fehler, die Ihre Bindung dauerhaft beeinflussen könnten, die auch in enger Verbindung mit diesen Aspekten stehen – daher werden wir Ihnen die häufigsten jetzt kurz zusammengefasst näherbringen. Solche Fehltritte passieren häufig eher unbewusst und es ist gut, sich darüber im Klaren zu sein, auch wenn man sie mit Sicherheit immer mal wieder hört oder liest.

Die gängigsten Gegner sind dabei die eigenen Erwartungen. Man neigt automatisch dazu, etwas von seinem Vierbeiner zu erwarten – unabhängig davon, ob es nun die optimalen Eigenschaften und Ergebnisse sind oder ob man erst einmal völlig pessimistisch davon ausgeht, dass alles schiefgeht, was schiefgehen könnte. Natürlich erwartet man im Regelfall, dass man am Ende den perfekten Hund vor sich hat, der alle Wünsche abhakt. Aber kaum ein Vierbeiner wird von Tag 1 an alles beim ersten Versuch meistern und so beibehalten – und wer sich darauf nicht mental vorbereitet, wird viel schneller mit Frustration zu kämpfen haben. Diese wird sich dann auch schnell in unserem Verhalten widerspiegeln und den Hund beeinflussen, ihn eventuell sogar ungewollt (da unbewusst) bestrafen. Dadurch zieht sich der Hund eher zurück oder geht auf die Barrikaden und der Zugang zu ihm wird gleich etwas schwieriger. Natürlich kann man solche negativen Gefühle in sich selbst nicht immer vermeiden, aber dann ist es besonders wichtig, sich vielleicht einmal eine Pause zu nehmen und sich nicht krampfhaft daran festzubeißen, dass es jetzt wirklich funktionieren muss – das wird Ihr Hund Ihnen sehr schnell anmerken und er wird reagieren, aber nicht unbedingt wie erhofft.

Ein weiterer Fehler ist auch die Gleichsetzung von Bindung mit Training und Erziehung – die Bereiche sind eng verbunden, aber gleichzeitig auch völlig separate Aspekte. Training beschränkt sich primär auf Dinge wie Grundkommandos, Lektionen und Disziplinen, aber die Art, wie das alles vermittelt wird, wirkt sich auf die Bindung aus – laut und streng ist immer noch sehr gängig, aber überhaupt nicht notwendig und Ihr Hund wird sich sicher noch mehr auf die Arbeit freuen, wenn der Ton ihm gegenüber zwar ernst, aber auch freundlich und in angenehmer Lautstärke ist. Oder möchten Sie während der Arbeit einen Stapel Akten gereicht bekommen und jemand schreit Ihnen halb ins Gesicht, was Sie damit tun sollen? Vermutlich eher nicht – und Ihr Hund möchte das auch nicht.

Erziehung ist noch einmal etwas anderes, denn dabei geht es eher um Grundregeln, wie das generelle Miteinander sein soll, und nicht um gezieltes Training (was aber nicht bedeutet, dass man das Training von Kommandos im Rahmen der Erziehung nicht auch wieder mit einbringen kann. Wie bereits eingangs erwähnt: Alltagssituationen bewusst zu lenken, ist auch eine sinnvolle Form des Lernens für Ihren Vierbeiner).

Diese drei Punkte sind alle dicht verzahnt, aber nicht das Gleiche. Sie bedingen einander – denn ist Ihre Bindung zu Ihrem Hund gut, wird sich das positiv im Training und in der Erziehung äußern. Werden dort wiederum Erfolge erzielt, festigt sich Ihre Bindung weiter. Man könnte es im Grunde wie ein Dreieck betrachten, das die wichtige Basis eines jeden Mensch-Hund-Teams bildet:

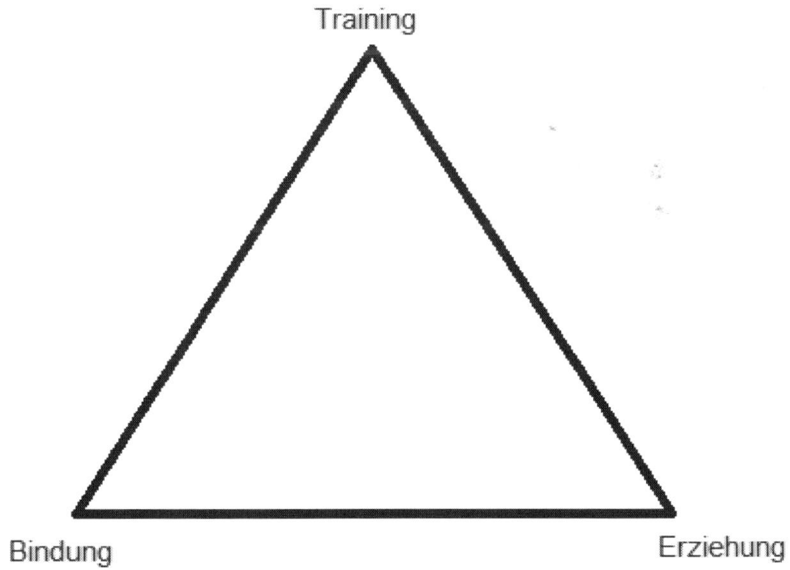

Damit kommen wir zu einem der Hauptaspekte: eine klare Kommunikation. Wenn die Kommunikation nicht stimmt, wird auch die Bindung schwieriger. Wenn Sie nun also Ihrem Hund verbal ein Kommando geben, aber Ihre Körpersprache etwas anderes sagt, weiß Ihr Hund am Ende auch nicht, was er nun tun soll, da seine Art primär über Körpersprache kommuniziert – nur um ein Beispiel von misslungener Kommunikation zu nennen. Es ist wirklich wichtig, dass man sich bewusst ist, wie der tierische Gefährte sich normalerweise verständigen würde – das ist hilfreich, um eigener Frustration vorzubeugen und um dem Hund respektvoll und auf Augenhöhe begegnen zu können und es ihm so einfacher zu machen, in Ihnen eine Bezugsperson zu finden.

Falls Sie sich nicht sicher sind, wo Sie am besten damit beginnen können, es zu lernen: Schauen Sie sich Videos zu dem Thema an. So sehen Sie parallel zu den Erklärungen auch direkt, wie das entsprechende Verhalten aussehen kann oder wie Hunde untereinander kommunizieren. Sie werden sicher schnell feststellen, dass es gar nicht zwangsläufig mit lauten Geräuschen einhergeht, was da passiert, sondern dass vieles rein über klare Veränderungen in der Haltung der Hunde geschieht. Und das können Sie sich selbst dann auch so vermerken: Laut zu werden, wird Sie weniger weit bringen, als wenn Sie souverän und ruhig Ihren Raum einfordern.

Wie allgemein bekannt, hat man es bei Hunden mit Rudeltieren zu tun – und Sie als Besitzer nehmen im Bestfall die Position als Rudelführer ein. Damit sind Sie in gewissem Maße in den Augen Ihres Hundes in der Verantwortung, bei Begegnungen mit anderen, fremden Hunden die Oberhand zu behalten und die Situation richtig einzuschätzen – denn der Rudelführer kümmert sich im Regelfall darum, sein Rudel vor Gefahren zu beschützen. Wenn Sie nun aber eine Situation falsch beurteilen oder Ihrem Hund eine unangenehme Situation allein überlassen, in dem Glauben, dass die Tiere das schon unter sich ausmachen, wird Ihr Hund sich von Ihnen nicht ausreichend geschützt fühlen und Ihnen weniger vertrauen. Das bedeutet jetzt aber auch nicht, dass Sie zum Helikopter-

Hundebesitzer werden müssen. Ihr Hund kann durchaus viele Situationen für sich klären und ein Eingreifen ist meist nicht nötig. Hier geht es wirklich eher um Situationen, in denen der Hund eindeutig gestresst, aggressiv oder panisch ist, die Sie dann, wenn möglich, unterbinden sollten. Bedrängung und Belästigung ist auch für Ihren Vierbeiner kein Vergnügen. Er wird entweder deutliches Abwehrverhalten (Knurren, Schnappen etc.) zeigen oder Begegnungen nur über sich ergehen lassen, während er sich dabei wegduckt, regelrecht steif wird oder auch versucht, sich abzuwenden. In solchen Momenten nicht zu reagieren und Ihrem Hund nicht zu helfen, obwohl Sie vor Ort sind, könnte Ihr Hund als schlechte Erfahrung abspeichern und er könnte dementsprechend ein nachhaltig geschädigtes Vertrauen zu Ihnen entwickeln. Oft zeigt sich eine solche negative Erfahrung im Anschluss dann dadurch, dass der Hund übertrieben ängstlich oder gar aggressiv reagiert, wenn er wieder einer solchen Situation ausgesetzt wird.

Besonders wichtig ist an dieser Stelle auch, dass Sie darauf achten, wie oder ob Ihre Beziehung zueinander einseitig ist. Ein ständig bettelnder Hund ist hier genauso wenig ein Zeichen einer innigen Bindung, wie wenn Sie Ihren Vierbeiner permanent kuscheln wollen – Ihr Hund möchte auch manchmal seine Ruhe und wenn er Ihnen am Rockzipfel hängt, damit Sie ihn füttern oder mit ihm spielen, sind Sie für ihn in diesem Moment auch eher austauschbar – Bälle werfen und füttern kann immerhin nahezu jeder Mensch.

Was Ihnen jedoch sagen kann, dass Ihr Hund sich an Ihnen orientiert und Ihnen vertraut, ist eine sehr simple Geste – Blicke. Wenn Ihr Hund Ihnen trotz aufregender Umwelt immer mal wieder einen Blick zuwirft, ist das im Grunde ein großes Kompliment an Sie – und es jedes Mal zu ignorieren, ist kontraproduktiv. Sie müssen nicht jedes Mal darauf reagieren, aber ein gelegentliches Erwidern des Blickes oder kurzes Streicheln wird Ihren Hund sicher freuen und in seiner Entscheidung bestärken.

Teambildung Mensch & Hund

Jede Arbeit mit Ihrem Vierbeiner fußt darauf, wie gut Sie als Team funktionieren und wie stabil Ihre Bindung ist. Das lässt sich bereits durch sehr simple Dinge fördern, die natürlich auch auf jeden Hund etwas individuell angepasst werden müssen und die darauf basieren, dass Sie mit der Körpersprache und den Reaktionen Ihres Hundes etwas anzufangen wissen und ihn nicht Situationen aussetzen, die er unangenehm findet.

Ein sehr simpler Tipp ist dabei bereits das Erwidern des Blickes Ihres Hundes, wenn Sie gemeinsam unterwegs sind. Das bestärkt Ihren Hund darin, dass Sie auch bei etwas Distanz noch gedanklich bei ihm sind und für ihn da sind, wenn er Sie braucht. Das wird ihn direkt in seinem Vertrauen bestätigen und ihm Sicherheit geben.

Einvernehmliche Kontaktsuche ist ebenfalls ein sehr wichtiges Element. Damit sind zum Beispiel ausgiebiges Kuscheln oder Massagen gemeint oder auch einfach nur ein gemeinsames Herumliegen mit Körperkontakt – natürlich nur, wenn Ihr Hund sich bereitwillig darauf einlässt oder die Nähe von sich aus sucht. Jeglicher Stress oder Zwang sollte hier vermieden werden, um dafür zu sorgen, dass Ihr Hund sich wohlfühlt und Oxytocin ausgeschüttet wird. Oxytocin ist ein sogenanntes Bindungshormon und steigert das Gefühl der Zusammengehörigkeit, ist also genau das, was Sie sich für eine gesunde Bindung mit Ihrem Hund wünschen sollten.

Eine weitere Möglichkeit ist, den Hund tatsächlich mal Hund sein zu lassen – also beispielsweise im Spiel mit ihm wirklich herumzutoben, auch Bellen oder Anrempeln einmal zu tolerieren und ihn wirklich zu behandeln, als wären Sie Artgenossen. Keine Kommandos, kein Zwang oder Druck. Ihren Hund beim Tauziehen bewusst gewinnen zu lassen, ist an dieser Stelle auch keine Schande, und Ihr Hund wird sich darüber freuen! Es zeugt für ihn auch von tiefem Vertrauen, dass Sie so bereitwillig Schwäche zeigen, obwohl Sie theoretisch gesehen „das stärkere Tier“ für ihn sind. Achten Sie auch einmal auf Hunde, wie sie untereinander spielen:

Häufig lässt sich beim Hundekontakt untereinander recht schnell feststellen, wer das ranghöhere Tier ist. Im Spiel werden Sie aber dennoch immer wieder beobachten können, dass auch dieses „Alpha-Tier" einmal auf dem Rücken liegt und den anderen gewinnen lässt.

Vorsicht allerdings! Unsichere und gestresste Tiere spielen weniger gern und sie zu zwingen, wäre natürlich kontraproduktiv. Außerdem: Solche wilden Spielereien sollten Sie immer in dem Bewusstsein durchführen, dass Sie es auch jederzeit wieder unterbinden können! Wenn das nicht möglich ist, lieber die Finger davonlassen, da Ihr Hund das Verhalten sonst schnell mit in den Alltag übernehmen könnte, was in der Folge zum Teil für dauerhaftes, ungewünschtes Verhalten sorgen könnte.)

Es gibt noch viele weitere Wege und kleine Dinge, die Ihnen dabei helfen können, eine enge Bindung zu Ihrem Hund aufzubauen, aber das Wichtigste dabei ist: Geben Sie dem Ganzen Zeit und versuchen Sie nicht, es zu erzwingen!

Wie fühlt Ihr Hund?

Vielleicht stellen Sie sich jetzt auch schon längst die Frage, wie Ihr Hund wohl über Sie denkt – besonders, ob er Sie nicht schon längst ins Herz geschlossen hat. Es gibt eine Handvoll Indizien, die Ihnen den Weg weisen und diese Frage vielleicht beantworten können, also machen Sie doch einmal den Test und denken Sie über die folgenden Punkte einmal genauer nach. Macht Ihr Hund all diese oder einen Großteil dieser Dinge? Dann sind Sie vielleicht schon längst seine liebste Person weit und breit.

Vorsicht aber: Diese Punkte sind lediglich Richtlinien zur Orientierung und kein Muss! Jeder Vierbeiner zeigt seine Liebe auch etwas anders, ähnlich wie Menschen auch verschiedene Wege nutzen, um ihre Liebe zu verdeutlichen – sei es verbal oder in Geschenkform.

Tiefer Augenkontakt

Eigentlich sagt man ja, man solle den direkten Augenkontakt mit Hunden vermeiden – zumindest, wenn es fremde Spürnasen sind. Der Grund dafür ist, dass Starren oder zumindest eine intensive Form des Augenkontakts bereits eine Art Drohgebärde ist – es wird unter Umständen von Hunden als Provokation gedeutet. Wenn Ihr eigener Hund aber den Blickkontakt mit Ihnen aufnimmt, hält und dabei noch den perfekten Dackelblick beherrscht, ist das vermutlich ein gutes Zeichen für Sie. Dieser innige Blickkontakt mit einer vertrauten Person soll sogar den Oxytocin-Spiegel beim Hund anheben – und Oxytocin sollte Ihnen bereits als das Bindungshormon bekannt sein, welches beispielsweise bei Umarmungen ausgeschüttet wird.

Immer zusammen

Wenn Ihr Hund wie seine Haare an Ihnen klebt, ist das ein hervorragendes Zeichen – er ist nirgends lieber als bei Ihnen und kann sich nichts Besseres vorstellen, als mit Ihnen unterwegs zu sein. Die einzige Einschränkung sollte hier sein, dass Ihr Hund keinen zu extremen Trennungsstress erlebt, wenn Sie beide mal getrennt sind. Ein wenig Aufregung ist in Ordnung, aber er sollte nicht unablässig heulen und winseln. In diesem Fall wäre die Bindung vielleicht schon eher als zu abhängig zu beschreiben, was nicht das Ziel sein sollte.

Bedeutende Geschenke

Nicht jedes Spielzeug, das vor Ihren Füßen landet, ist auch gleich eine Spielaufforderung. Wenn das Spielzeug im Nachhinein nämlich dann nicht mit aufgeregtem Schwanzwedeln erwartet oder festgehalten wird – je nachdem, worum es sich handelt –, sondern einfach akzeptiert wird, dass es nun bei Ihnen ist, dann wurde Ihnen vermutlich soeben ein Geschenk gemacht. Schätzen Sie es! Für Sie mag es nur ein Spielzeug sein, aber für Ihren Vierbeiner ist es der größte Schatz, den er Ihnen bereitwillig anvertraut.

Keine Verlustangst

Verlustängste bei Hunden werden gerne einmal fehlinterpretiert. „Er vermisst mich so, wenn ich weg bin – er muss mich einfach liebhaben!"

Tatsächlich ist aber das Gegenteil der Fall und das Ziel sollte sein, dass Ihr Hund völlige Ruhe bewahrt, wenn Sie nicht da sind. Wenn er sich völlig sicher ist, dass Sie jedes Mal wiederkommen, wenn Sie die Wohnung verlassen, haben Sie wohl alles richtig gemacht.

Auch ein bisschen Freude bei der Wiederkehr ist da natürlich gern gesehen – aber Achtung bei zu viel: Dann könnten Sie es auch mit dominantem Verhalten zu tun haben.

Hochspringen

Springt Ihr Hund an Ihnen hoch, dann gilt es auf jeden Fall, die offenbare Freude herunterzuschrauben und ruhig damit umzugehen – denn auch hier kann sich ganz schnell Dominanzverhalten einschleichen und nicht Zuneigung. Wenn Ihr Hund aus Ihrer übermäßigen Aufregung schließt, dass er Ihnen überlegen ist, schießen Sie sich nur ein Eigentor. Also: Freuen, aber dabei Ruhe bewahren.

Ihr bester Tröster

Hunde haben wie auch viele andere Vierbeiner ein hervorragendes Gespür für die Gefühlswelt Ihrer Bezugsperson. Lässt es ihn also völlig kalt, wenn es Ihnen einmal schlecht geht, dann haben Sie noch einen weiten Weg vor sich. Sucht er dann jedoch erst recht Ihre Nähe – nun, die Antwort ist eigentlich offensichtlich.

Fürsorge

Generell sollten Sie natürlich immer die Situation im Griff haben und Ihr Hund sollte sich auch dessen bewusst sein, dass er sich keine Sorgen zu machen braucht und dass Sie ihn schützen. Wenn er sich aber dennoch um Sie sorgt und Sie schützt, wenn er glaubt, Sie in Gefahr zu sehen, dann ist das ein gutes Zeichen.

Schwanzwedeln

Sie werden im Regelfall mit wedelndem Schwanz begrüßt? Sehr gut, das ist eines der offensichtlichsten Signale, dass er Sie gernhat. Natürlich müssen Sie dabei auch immer einen Blick auf den Kontext haben und seine Körpersprache gut einordnen können, denn Schwanzwedeln ist nicht immer gleich Schwanzwedeln. Wedeln mit gesenkter, steifer Rute kann auch Angst oder Unsicherheit bedeuten – also achten Sie auch immer auf die Ohren. Diese sollten im Bestfall natürlich immer aufgestellt sein und sich auf Sie konzentrieren.

Ablecken

Wenn Ihr Vierbeiner Sie ableckt, dann ist das erst einmal kein Grund zur Panik: Sie sind nicht der nächste Nachmittagssnack. Nein, vielmehr möchte er Ihnen seine Zuneigung verdeutlichen, indem er Sie pflegt und putzt. Natürlich dürfen Sie ihm dabei schonend Grenzen setzen, denn nicht jeder möchte bestimmt eine Hundezunge im Gesicht haben – die Hand tut es doch auch, ohne dass Ihr Vierbeiner sich zurückgewiesen fühlt.

Schlafen ohne Distanz

Ihre Fellnase sucht gezielt Ihre Nähe, wenn es Schlafenszeit ist? Der Schlaf wirkt dann auch tief und fest? Das ist ein ausgesprochen gutes Zeichen – Ihr Hund vertraut Ihnen und fühlt sich wohl. Er sieht sich selbst nicht in der Notwendigkeit, Wache zu halten, denn Sie sind ja da und strahlen die Sicherheit eines Anführers aus. Und wenn Sie Wache halten, dann kann er sich ja auch genauso gut eine Mütze voll Schlaf gönnen.

LERNTHEORIE IM ÜBERBLICK

Wie lernen Hunde? Diese Frage beschäftigt einen ganzen Haufen Menschen seit Jahrzehnten, seit Jahrhunderten sogar, und es haben sich immer wieder neue Theorien und Möglichkeiten entwickelt.

Selbstverständlich ist es auch in der Fährtenarbeit wichtig, zu wissen, wie der eigene Vierbeiner lernt, um den besten Weg auswählen zu können und über alternative Möglichkeiten selbst einmal etwas reflektieren zu können. Daher bringe ich Ihnen jetzt ein paar der zentralen Begriffe und häufigsten Lerntheorien ein wenig näher.

Die Reiz-Reaktions-Kette

Die Reiz-Reaktions-Kette ist ein biologisches Konzept, das unser aller Alltag beherrscht, egal, ob Mensch oder Hund. Wer sich ein wenig damit auskennt, hat vermutlich zumindest eine Ahnung, wie das Ganze funktioniert, aber kurz zusammengefasst:

Wenn ein Reiz, beispielsweise aus der Umwelt, auf die Sinne trifft, wird ein elektrischer Impuls ausgelöst, der über die Nerven in das Gehirn transportiert wird. Dort wird der Impuls von den Nervenzellen weiter verarbeitet und das Gehirn entscheidet anhand von vorhandenen Informationen und alten Erfahrungen, wie zu reagieren ist. Ist die Entscheidung getroffen, wird der entsprechende Impuls ausgelöst und an die zuständige

Stelle weitergeleitet, beispielsweise an Hand oder Auge. Das passiert alles in rund 180 Millisekunden. Natürlich gibt es aber auch noch eine deutlich schnellere Variante, und zwar die Reflexe. Deren Reaktion ist direkt auf das Rückenmark zurückzuführen und überspringt das Gehirn praktisch – das ist besonders in Gefahrensituationen nützlich, entzieht sich aber auch unserer bewussten Kontrolle. Diese Abläufe bestimmen also praktisch alles – und damit auch Ihren Hund und Ihr gemeinsames Training. Aktion – Reaktion: Sie senden Signale aus, Ihr Hund reagiert.

Wie seine Reaktion ausfällt, liegt an seinen vorherigen Erfahrungen – verbindet er etwas mit einem negativen Gefühl, wird er Ihnen das auch dementsprechend zeigen.

Umgekehrt gilt das aber natürlich auch für Sie: Wenn Ihr Hund etwas nicht richtig macht, ärgern Sie sich vielleicht – und Ihre eigene Reaktion auf die Aktion des Hundes wird zum nächsten Reiz für Ihren Hund und bestimmt sein nächstes Handeln.

Der Unterschied zwischen Ihnen und Ihrem Hund ist aber der folgende: Sie sind (zu einem gewissen Grad) in der Lage, Ihre Handlungen und Reaktionen objektiv zu betrachten, zu reflektieren und aufgrund kognitiver Bewertung zu verändern. Entscheiden Sie also rational, dass eine bestimmte Reaktion für Sie keinen Nutzen gebracht hat, können Sie das nächste Mal bewusst anders handeln. Diese Möglichkeit steht Ihrem Hund nicht oder nur sehr begrenzt zur Verfügung. Er besitzt nicht die Fähigkeit zur Selbstreflexion. Reagiert er also in einer bestimmten Situation immer auf eine spezifische Weise und wir wollen das verändern, ist dies mit einem größeren Aufwand und viel Geschick verbunden.

Machen Sie sich bewusst, dass Ihr Hund maßgeblich von seinen Instinkten gesteuert wird, während Sie diese in gewisser Weise unterdrücken oder zumindest ein wenig kontrollieren können. Ihr Hund will Sie nicht ärgern, wenn er manchmal nicht so reagiert, wie Sie das wollen – vielleicht hat er nur nie gelernt, wie er alternativ reagieren könnte.

Reagieren und Lernen sind am Ende auch nur biologische Prozesse, aus denen wir (zum Glück) nicht einfach herauskönnen, und sich das vor Augen zu halten, kann die eine oder andere Situation vielleicht sogar entschärfen.

Desensibilisierung

Nicht jedes Training oder jede Situation, in die man dabei gerät, verläuft für jeden Hund völlig stress- oder angstfrei. Manche Tiere neigen durch gewisse Vorerfahrungen schnell zu panischen Reaktionen, wenn sie einem bestimmten Reiz ausgesetzt werden, und ergreifen die Flucht oder reagieren aggressiv, je nachdem, wie das Tier gelernt hat, mit solchen Situationen umzugehen.

Das kann natürlich einerseits durch den Halter verhindert oder zumindest abgeschwächt werden, da in einem vertrauten Verhältnis erwiesenermaßen die Hunde wesentlich geringere Stresslevel aufweisen, als wenn sie sich einer Situation völlig alleine stellen müssen, aber es gibt auch gezielte Trainingsmethoden, um hier Abhilfe zu schaffen. Die meisten dieser Methoden stammen eigentlich aus der humanen Verhaltenstherapie, aber sie können zum Teil angepasst auch bei den Vierbeinern angewendet werden.

Die bekannteste Therapie ist die sogenannte systematische Desensibilisierung. Im Kern geht es dabei um eine angstfreie Angstbewältigung, was erst einmal widersprüchlich klingen mag, aber eigentlich gar nicht so kompliziert ist.

Beim Menschen wird dafür gesorgt, dass der zu Therapierende sich zunächst völlig entspannt und sich dann gedanklich gezielt mit den Ängsten konfrontiert. Dieser Ansatz wird also primär für die Angstbewältigung genutzt, und zwar in einem (imaginären) Konfrontationsvorgehen. Offensichtlich funktioniert das bei Hunden nicht, denn sich auf Kommando seine Ängste vorzustellen, ist bei ihnen eben nicht möglich – daher setzt man hier auf eine Konfrontation mit dem angstauslösenden Reiz, dessen Intensität man kontinuierlich steigert. Zuvor bzw. parallel wird der Hund gefüttert, da man davon ausgeht, dass Hunde nur fressen können, wenn sie noch entspannt sind. Gibt er das Fressen auf, entfernt man sich einen Schritt von der Problemquelle – natürlich ist das am Ende bei vielen Tieren weniger ein Angstlöser als nur eine Unterstützung des aktiven Meidens und noch dazu muss man wissen, wovor genau der Hund sich überhaupt fürchtet. Und wenn man ganz viel Pech hat, ist eine unabsichtliche Konfrontation mit dem Reiz nur ein riesiger Rückschritt für das Tier und man fängt von vorne an. Grundsätzlich geht es bei dieser Methode aber darum, dass man den Hund an den Angstreiz gewöhnt und er dabei lernt, dass ihm nichts geschieht, auch wenn er näherkommt. Theoretisch möchte man so eine Entkopplung der Angst von dem Reiz bewirken – praktisch ist das aber ein sehr individuelles Vorgehen, das nicht bei jedem Vierbeiner Früchte tragen wird.

Natürlich gibt es noch andere Angstbewältigungsmöglichkeiten, wie beispielsweise das Flooding oder das Habituationstraining.

Beim Flooding setzt man seinen Vierbeiner unmittelbar dem Reiz aus, und das in höchster Intensität – aus dieser Situation entlassen wird er jedoch nur, wenn sich seine Angst sichtbar legt und er die Situation einfach erduldet. Daher ist es eher eine Therapie bei weniger stark ausgeprägten Ängsten; sind sie zu stark, könnte man dem Hund ernsthaft schaden. Man setzt hierbei darauf, dass der Hund im Verlauf der Erfahrung merkt, dass er die Situation durchaus bewältigen kann, und sich seine Einstellung ändert. Er soll dabei lernen, dass es gar nicht so schlimm ist wie erwartet, wenn er das nächste Mal in diese Situation gerät. Auf keinen Fall aber sollte man diese Form der Bewältigung ohne einen erfahrenen Trainer durchführen, der Hund, Halter und allgemeine Situation gut einschätzen kann!

Beim Habituationstraining startet man dagegen ähnlich wie bei der systematischen Desensibilisierung mit dem Reiz in der geringsten Intensität und auch hier fußt die Bewältigung auf dem Prinzip der

Konfrontation und des Aushaltens. Dabei nähert man sich dann auch wieder schrittweise der Bewältigung an, ebenfalls in der Erwartung, dass sich bei dem Hund die Erwartungshaltung ändert und er den Reiz auf lange Sicht als weniger schlimm einstuft.

Inwiefern sich Angstbewältigungsmaßnahmen aber überhaupt noch lohnen (z. B. hinsichtlich des Alters) oder ob sie überhaupt nützlich sind, muss natürlich individuell abgewogen werden, falls Bedarf besteht. Und falls es sich als nötig erweisen sollte: Geduld! Rückschläge sind normal.

Abbruchsignale

Ein gutes Stopp-Signal kann in vielen Situationen hilfreich sein, sowohl im Alltag als auch in der Fährtenarbeit mit dem Hund. Ein klares „Nein" ist hier wohl der gängigste Kandidat – aber man sieht oft genug, dass der Hund nicht reagiert.

Das liegt häufig einfach daran, dass der Hund keinen Vorteil darin sieht, sich an das Verbot zu halten. Der Trick an der Sache: eine Alternative und eine positive Assoziation – der Hund weiß, dass etwas Besseres auf ihn wartet.

Welches Wort als Signalwort gewählt wird, ist tatsächlich wenig relevant, solange es ruhig und mit tiefer Stimme vermittelt und konsequent gleich genutzt wird, natürlich auch immer begleitet von einer selbstsicheren Körpersprache – und solange es nicht anderweitig verwendet wird, das sorgt bei Ihrem Vierbeiner nur für Verwirrung.

Am sinnvollsten ist es, dem Hund das Signal zu Beginn an einem Ort beizubringen, der kaum Ablenkungen aufweist, damit Ihr Hund ganz bei Ihnen ist. Als Erstes besetzt man das Signalwort mit einer positiven Erfahrung, also beispielsweise einem Leckerli, welches direkt nach dem Signalwort angereicht wird. Das kann aber alles Mögliche sein – der Lieblingsball, ein Tau-Spielzeug, ein Kauknochen...

Wenn Sie allerdings Ihren Hund von bestimmtem Futter fernhalten wollen, ist es wenig sinnvoll, ihm als Belohnung sehr ähnliches Futter zu geben. Augen auf bei der Leckerli-Wahl!

Arbeitet man mit Futter, wird der Hund zunächst mehrmals aufgefordert, es aus der Hand zu fressen, wenn man die Hände in verschiedenen Positionen hält – dann führt man das Signalwort ein und schließt die Hand um das Futter. Er bekommt die Belohnung nun erst, wenn er wartet und Sie und Ihre Hand nicht weiter bedrängt.

Im nächsten Schritt arbeitet man dann daran, dass Ihr Hund Sie ansieht, bevor er aufgefordert wird, sich seine Belohnung zu nehmen.

Achtung! Dann aber nicht das Futter mit der „verbotenen" Hand anreichen!

Sind Sie sich sicher, dass es bei Ihrem Vierbeiner angekommen ist – Signal bei offener Hand testen –, können Sie damit anfangen, auf dem Boden zu arbeiten. Auch hier wird der Hund zuerst wieder aufgefordert, zu essen – beim nächsten Mal kommt aber das Abbruchsignal. Wartet er ab, belohnen Sie ihn mit einem Leckerli aus der Hand, will er das Futter vom Boden essen, stellen Sie Ihren Fuß darauf.

Sitzt auch das, geht es langsam ans Eingemachte – legen Sie Futterstücke an einer Stelle auf den Boden und führen Sie anschließend Ihren angeleinten Hund dorthin. Interessiert er sich für das Futter? Dann ist das Ihr Stichwort. Wenn er sich daraufhin voll auf Sie konzentriert, belohnen Sie ihn – wenn nicht, dann Leine anspannen, Aufmerksamkeit zurückholen und weiter üben, gegebenenfalls auch noch einmal die vorherigen Schritte wiederholen.

Und wenn Sie richtig gemein sein wollen, sobald auch der letzte Schritt gemeistert ist: Packen Sie doch mal das Lieblingsfutter aus und sehen Sie, ob es immer noch funktioniert!

Pawlows Hund: Grundkommandos & Konditionierung

Viele Lerntheorien sind auf die Konditionierung zurückzuführen – wie beispielsweise auch die Abbruchsignale, die Sie schon kennengelernt haben. Schuld daran, dass dem heute so ist, ist der russische Forscher Iwan P. Pawlow, der sogar einen Nobelpreis gewann. Bei den Untersuchungen zum Verdauungstrakt der Hunde stieß er zufällig durch seine Versuchstiere und deren Pfleger auf das Prinzip der klassischen Konditionierung.

Dabei geht es schlichtweg darum, dass der Hund auf eine bestimmte Reaktion konditioniert wird – was aber auch bei den meisten anderen Tieren (sogar bei uns selbst) funktioniert.

Pawlow konditionierte seine Hunde auf eine erhöhte Speichelreaktion, und zwar mithilfe einer Glocke. Zu Beginn gab er ihnen Futter und läutete anschließend eine Glocke. Zu diesem Zeitpunkt handelt es sich beim verstärkten Speicheln nur um eine unbedingte, völlig natürliche Reaktion der Hunde auf das Futter und die Glocke ist lediglich ein sogenannter neutraler Stimulus und für die Hunde noch nicht weiter relevant.

Im nächsten Schritt beginnt dann die Konditionierung: Die Glocke wird geläutet, das wird Futter angereicht und der Hund beginnt, zu speicheln. An diese Reihenfolge hält man sich nun jedes Mal bei der Durchführung für eine ganze Weile – dann folgt der Entzug des Futters im letzten Schritt. Die Glocke läutet und der Hund speichelt stärker, aber das Futter bleibt aus. Aus der Glocke wurde nun also von einem neutralen ein bedingter Stimulus und die darauffolgende Reaktion ist ebenfalls bedingt und nicht länger eine rein natürliche, unbedingte.

Natürlich kann diese Konditionierung auf lange Sicht aber auch wieder verlernt werden, wenn der bedingte und der unbedingte Stimulus nicht mehr gemeinsam auftreten, aber je nach Umständen kann das Jahre dauern.

In heutigen Trainingsformen findet sich dieses Prinzip wie bereits erwähnt an vielen Stellen wieder bzw. es bildet einen Grundbaustein von einigen Lerntheorien und Techniken.

Eine besonders bekannte Technik ist das Klicker-Training, bei welchem das Tier auf das Klicken konditioniert wird. Wenn der Hund das Klicken hört, bedeutet das für ihn am Ende dieser Konditionierung, dass er etwas richtig gemacht hat, und er erlebt ein Erfolgserlebnis.

Es ist eine der simpelsten Formen für jegliches Training und trägt im Regelfall immer Früchte. Zu Beginn klickt man einige Male ohne besonderen Anlass und reicht danach ein Leckerli an (kleine tun es hier auch, Sie wollen Ihren Liebling ja nicht satt oder fett füttern!), bis Ihr Hund eindeutig beim Klicken auf die Belohnung wartet. Wichtig dabei ist, dass Sie wirklich direkt ein Leckerli anbieten können – alles, was länger als eine Sekunde dauert, wird von Ihrem Hund nicht mehr miteinander verknüpft werden. Alles, was im nächsten Schritt folgt, ist bereits Teil einer anderen Methode: der operanten Konditionierung. Was genau das ist, schauen wir uns nun also einmal als Nächstes an.

Positive & negative Konditionierung

Positive und negative Konditionierung sind wohl *der* Weg schlechthin bei Training und Erziehung eines jeden Hundes. Es ist wichtig, zu wissen, womit man eigentlich arbeitet, zum Teil auch unbewusst oder intuitiv, denn nicht alle Formen dieser Konditionierung sind besonders tierfreundlich, wie man bei der Betitelung als „negativ“ wohl bereits annehmen kann.

Diese Konditionierung ist vor allem auch als „operante Konditionierung“ bekannt. Dieser Begriff wurde von Burrhus Frederic Skinner geprägt, der eine bestimmte Box, die „Skinnerbox“, entwickelt hat, um sich damit gezielt das „law of effect“ zu Nutze zu machen, das als Ursprung der klassischen Konditionierung gilt. Das „law of effect“, also das Gesetz der

Wirkung, beschreibt, wie zufällige Handlungen häufiger gezeigt werden, wenn sie ein positives Nachspiel haben.

Skinner baute also einen Käfig für eine Ratte. Dieser Käfig war mit einem Hebel, einer Futtervorrichtung, einer Lampe und einem bestimmten Boden ausgestattet, der mit Strom versorgt wurde. Unter diesen Voraussetzungen hat er Experimente durchgeführt. Beispielsweise gab es bei jedem Hebeldruck Futter oder der Boden war dauerhaft unter Strom gesetzt, außer die Ratte drückte den Knopf. Das Nagetier passte sein Verhalten den Umständen entsprechend an.

Mithilfe von Skinners Forschung lässt sich der heutige Begriff der operanten Konditionierung also erklären. Man kann diese Thematik in vier grundlegende Methoden unterteilen, und zwar:

1. Positive Belohnung
2. Positive Strafe
3. Negative Belohnung
4. Negative Strafe

Zunächst einmal: Die Betitelung als negativ und positiv ist hier mehr oder weniger als mathematischer Faktor zu betrachten: Es geht um das Wegnehmen und Hinzufügen von etwas.

Nun also die **positive Belohnung**: Um diese Methode anzuwenden, fügt man etwas Angenehmes hinzu, das heißt zum Beispiel, man gibt dem Vierbeiner ein Leckerli, wenn er auf ein Kommando richtig reagiert, worüber der Hund sich freut. Das Verhalten wird gefördert.

Bei der **positiven Strafe** dagegen fügt man etwas Unangenehmes hinzu. Darunter fällt bereits das Anschreien im Affekt – Ihr Hund fühlt sich nicht mehr wohl, ist gestresst oder hat Angst (oder sogar Schmerzen, je nach Strafe). Häufig führt das aber zu Lernblockaden oder zu falschen

Verknüpfungen beim Hund – denn richtig strafen will gelernt sein. Timing und Wahl der Bestrafung sind da nur einige Faktoren – nicht zu vergessen, dass Sie damit zwar das Verhalten unterbinden, aber Ihrem Hund nicht vermitteln können, wie er es richtig machen soll.

Manchmal geht es vielleicht auch einfach nicht ohne eine Strafe, die sich im Rahmen bewegt – aber genau das ist auch der Punkt. Ein Rahmen, der die Grenzen festlegt, ist nötig. Gewaltsame Methoden sind hier nicht der Weg ans Ziel. Rein verbale Signale – Stichwort Abbruchsignal – sein Missfallen auszudrücken oder den Hund über die Körpersprache bestimmt in seine Schranken zu verweisen, ist oft schon ausreichend. Ihr Hund wird auch das als unangenehm und strafend empfinden und dementsprechend darauf reagieren.

Die positive Strafe muss nicht immer direkt Angst und/oder Schmerzen mit sich bringen – diese Methode ist schon am Ziel, wenn Ihr Vierbeiner sich nur Dank Ihrer Reaktion unwohl fühlt.

Bei der **negativen Belohnung** geht es darum, etwas Unangenehmes zu entfernen und Erleichterung bei Ihrem tierischen Freund herbeizurufen. Nahezu jeder hat mit Sicherheit schon einmal gesehen, wie einem Hund das Kommando „Sitz" darüber beigebracht wurde, dass der Hintern heruntergedrückt wurde. Sobald der Hund sitzt, wird die Hand und damit der Druck entfernt. Das fördert zwar das Verhalten, aber wohl fühlt sich Ihr Hund vermutlich weniger.

Und dann gibt es noch die **negative Strafe**, bei der man etwas Angenehmes entfernt – das ruft Enttäuschung oder Frustration hervor und kann schon etwas so Simples sein, wie Kontaktverweigerung von Ihnen, wenn Ihr Hund an Ihnen hochspringt. Setzt er sich ruhig hin, bekommt er dann wieder Ihre Aufmerksamkeit (und wird gegebenenfalls zusätzlich belohnt – positive Belohnung).

Welcher Konditionierung man sich hier widmet, liegt natürlich völlig im eigenen Ermessen, aber die positive Belohnung und die negative Strafe sind auf jeden Fall die Optionen, bei denen die Chancen besser stehen, dass sich gleichzeitig auch noch Ihre Bindung verstärkt und diese nicht potenziell nachhaltig geschädigt wird – und das wiederum wird sich auch im weiteren Training auszahlen.

Am wichtigsten ist jedoch, dass eine gewisse Balance gehalten wird. Man strebt natürlich meist eine rein positive Hundeerziehung an, die aus positiver Verstärkung und negativer Strafe besteht. Aber in Maßen zu strafen und die anderen beiden Methoden miteinzubeziehen, muss nicht auch direkt die Bindung zu Ihrem Hund gravierend belasten – eine stabile Bindung kann auch das bewältigen, solange keine Grenzen überschritten werden und es nicht den Hauptanteil Ihrer Erziehung ausmacht. Ein gesundes Gleichgewicht ist hier der Schlüssel.

Kommen wir aber nun noch einmal zurück zu unserem Beispiel: das Klickern, welches hier als positive Belohnung fungiert.

Ihr Hund hat bisher also im Sinne der klassischen Konditionierung gelernt, das Klickern mit etwas zu essen zu verbinden, einer Belohnung. Das positive Gefühl ist bei ihm nun verankert. Also folgt nun der nächste Schritt, der diese für ihn unbewusst erschaffene Verbindung mit in das weitere Training nimmt. Nun setzen Sie diese Konditionierung bewusst ein, um ein bestimmtes Verhalten zu belohnen und bei Ihrem Vierbeiner zu festigen.

Im nächsten Schritt folgt dann also die Arbeit an der ausgewählten Übung – und sobald Ihr Vierbeiner etwas richtig macht, folgen Klicken und Belohnung. Scheuen Sie sich zu Beginn nicht, auch bei scheinbar kleinen Schritten in die richtige Richtung zu klickern – dadurch lernt Ihr Hund am Ende ja auch nur, dass er offenbar richtig vorgeht. Wann genau Sie klickern, können Sie dann immer noch anpassen, wenn die Schritte sich langsam festigen.

Sagen wir also, Sie wären gerade dabei, das Kommando „Sitz" mithilfe des Klickerns zu erlernen. Das Klicken kennt Ihre Spürnase schon und sie freut sich, wenn sie es hört – es bedeutet für sie immerhin „Futter" und es gibt nichts Besseres. Wenn Sie also das Kommando geben und Ihr Hund setzt sich, dann klickern sie. So wird er für sein Verhalten automatisch belohnt und neue Verknüpfungen entstehen nach und nach bei ihm – „Sitz" bedeutet „Hinsetzen" und dafür wird er durch den Klicker und erst einmal auch mit Leckereien belohnt.

Nach und nach reduzieren Sie dann die Belohnung. Zum Beispiel gibt es irgendwann nur noch jedes zweite Mal ein Leckerli, dann jedes dritte, vierte, fünfte Mal. Ihr Hund sollte zu diesem Zeitpunkt das Klicken als alleinige Belohnung und Indikator für die richtige Handlung empfinden und er sollte es als Erfolg abspeichern.

Natürlich funktioniert das aber auch nicht bei jedem Hund, denn jeder Vierbeiner ist anders und man sollte dabei wirklich aufpassen, dass er sich nicht schlichtweg auf die schmackhafte Belohnung freut und sonst nichts, ergo sich auch nicht merkt: „Klicken bedeutet Belohnung. Klicken macht mich glücklich. Klicken höre ich nur, wenn ich etwas richtig mache." Der Grat ist ein schmaler, also immer aufgepasst und Ihren Hund beobachten.

In der Fährtenarbeit würde diese Konditionierung natürlich ebenso gut funktionieren und man kann sie sicherlich auch speziell über das Klicker-Training beibringen, aber welchen Weg des Lernens man verfolgt, muss natürlich jeder selbst für sich und seinen Hund entscheiden.

Warum reine Konditionierung nicht reicht: Bindungsarbeit mit Ihrem Hund

Konditionierung ist nicht alles, wie Sie sich vermutlich inzwischen denken können, besonders nach der positiven und negativen Konditionierung und dem ersten Teil des Kapitels – denn ohne eine gute Bindung werden

Sie nicht annähernd so erfolgreich sein, wie Sie es sich vielleicht erhoffen, und Ihr Hund tanzt Ihnen auf der Nase herum.

Es lohnt sich an dieser Stelle, auch noch einmal den ersten Abschnitt des Kapitels Revue passieren zu lassen, besonders die Abschnitte „Eine tiefe Bindung“, „Zeit, Kontinuität & Klarheit“ und „Teambildung“, denn dort haben wir schon einen Einblick in die Bindung zwischen Hund und Halter erlangt. An dieser Stelle also nun nur noch ein paar grundlegende Beispiele, was Sie zur Verbesserung tun können.

Zunächst einmal gilt, dass positive Erlebnisse Sie enger zusammenwachsen lassen. Das kann gemeinsames Spielen sein oder von beiden gewolltes Kuscheln oder Kontaktliegen – Hauptsache, bei Ihrem Vierbeiner kommt nicht der Glaube auf, dass er viel mehr Spaß haben kann, wenn er nicht mit Ihnen Zeit verbringt, denn dann wird er vermutlich eher aufmüpfig.

Unter positive Erlebnisse können natürlich auch ganz neue Erfahrungen fallen, wie lange Spaziergänge an völlig neuen Orten oder gemeinsames Training, das von Erfolg gekrönt ist und immer fair abläuft – darunter natürlich auch Agility, Fährtenarbeit, ...

Weitere wichtige Aspekte sind natürlich klare Grenzsetzung und Regeln – wenn Ihr Hund vorhersehen kann, wann Sie wie reagieren, wird er sich wohler bei Ihnen fühlen und sich stärker an Ihnen orientieren. Das können auch schon so simple Dinge wie ein geregelter Tagesablauf mit festen Zeiten zum Spazieren oder Spielen sein. Für Hunde ist es angenehmer, wenn wir berechenbar sind – auch sie sind Gewohnheitstiere.

Respekt spielt immer eine große Rolle – und wenn es nur der Respekt gegenüber der Balance von Aktivität und Ruhephasen ist oder das Berücksichtigen von bestimmten Vorlieben Ihres Hundes bzw. seiner Rasse. Manche Hunde apportieren besonders gern, manche lieben es, zu planschen – darauf Rücksicht zu nehmen, wird Sie bei Ihrem Hund beliebt machen.

Halten Sie mehrere Hunde, ist es auch wichtig, sich für jeden Vierbeiner individuell Zeit zu nehmen – geht einer von Ihnen unter oder kommt ständig zu kurz, wird er zwar mit Ihren Hunden bestens klarkommen und sich mit Ihnen gegenseitig auslasten und beschäftigen, aber seine Bindung zu Ihnen könnte darunter leiden, nicht regelmäßig etwas Zeit für jeden der Hunde im Alleingang zu nehmen.

Und am allerwichtigsten: Verständnis. Jeder Hundebesitzer, der sich stetig über die Hundesprache weiterbildet und dazulernt, um seinen Schützling besser verstehen zu können, wird auf lange Sicht viel besser auf dessen Verhalten eingehen können und so viel besser entscheiden können, was zu tun ist – was Ihr Hund zu schätzen wissen wird.

Ansatz: Der Mensch als Alphahund?

Hunde sind, wie bereits erwähnt, sehr soziale Tiere, die in Rudeln leben – Sie als Halter sind dementsprechend dann in ihren Augen der Rudelführer und das macht Sie im Grunde zum Alphahund Ihres Rudels, obwohl Sie nun einmal kein Hund sind. Zumindest sollte das so sein, wenn Sie sich den nötigen Respekt Ihres Hundes verdient haben.

Ihren Hund belastet das aber nicht – als Mensch genießen Sie lediglich die Vorzüge, dass Sie Ihre Rangordnung nicht zwangsläufig im wahrsten Sinne des Wortes ausdiskutieren und -rangeln müssen, wie es Hunde normalerweise untereinander tun würden. (Natürlich kann das vorkommen, aber in dem Fall sollte man offensichtlich daran arbeiten.)

Aber sind Sie als Mensch auch wirklich dazu in der Lage, ein Alphahund zu sein?

Tatsächlich zumindest indirekt oder in Teilen ja, Ihr Hund betrachtet Sie immerhin als solcher. Sie dienen in sämtlichen Situationen seiner Orientierung, Sie schützen ihn vor unangenehmen Situationen und sagen ihm, wo die Grenzen sind und was er nicht tun sollte. In einem Rudel sind das alles Dinge, die der Leithund übernehmen würde.

So weit hergeholt ist der Gedanke also von einem psychisch-soziologischen Standpunkt her gar nicht – auch wenn es letzten Endes keine wirkliche Rolle spielt, als was Sie es bezeichnen würden, denn der Begriff allein spielt ohnehin nur für die Menschen eine Rolle. Ihr Hund wird den Begriff weder verstehen noch sich wirklich dafür interessieren, solange Sie fair mit ihm umgehen. Letzten Endes können Sie nur versuchen, sich diesem Begriff unterzuordnen, vielleicht auch nur, um es benennen zu können, aber auch wenn es indirekt in Teilen stimmen mag – es ist gleichzeitig auch nicht zwangsläufig wahr, denn was Sie nicht vergessen sollten: Wir bringen unseren Vierbeinern diese Dinge bei und erziehen sie, damit sie unseren Anforderungen nachkommen, und nicht, weil es in der Natur auch so von ihnen verlangt werden würde. Oder haben Sie schon einmal gesehen, dass Hunde sich untereinander an die Leine nehmen? Oder dass sie ihre Beute auf Befehl fliehen lassen?

Sich von festen Begriffen zu lösen, ist am Ende vielleicht hilfreicher, als sich daran festzuklammern. Und wenn Sie unbedingt ein Wort dafür brauchen, dann ist die zutreffendste Wahl vielleicht ganz schlicht und einfach: Rudelführer.

DER HUND ALS SPIEGEL SEINES MENSCHEN

Wie viele andere tierische Partner sind auch Hunde besonders anfällig für die Launen, die wir als Bezugsperson ausstrahlen. Katzen merken, wenn ihr Mensch traurig ist, und gehen ihm entweder aus dem Weg oder legen sich auf ihn und schnurren, um seine scheinbaren Schmerzen zu lindern (ihr Schnurren trifft eine bestimmte Frequenz, die für Katzen selbst als heilend oder schmerzlindernd gilt – daher versuchen sie, auch ihrem Menschen so zu helfen), und Pferde spüren die Unruhe ihres Reiters schon lange, bevor dieser es überhaupt realisiert, und werden selbst nervös.

Mit Hunden ist das sehr ähnlich. Mal ganz abgesehen davon, dass ihre empfindlichen Nasen sämtliche Veränderungen unseres Geruches anhand der Pheromone frühzeitig wahrnehmen können – man denke da beispielsweise an Begleithunde, die von Epilepsie beeinträchtigte Personen nur anhand des sich ändernden Geruches frühzeitig warnen können, dass ein akuter Schub sich nähert –, merken sie natürlich auch an unserer Stimme und unserer Haltung sofort, wenn sich etwas verändert. Sie mögen unsere Körpersprache nicht immer verstehen oder fehlinterpretieren, aber auf jeden Fall reagieren sie sensibel auf das Verhalten Ihres Menschen. So merken sie natürlich auch sofort, wenn man unsicher an etwas herangeht und ihnen deswegen keine klaren Anweisungen gibt oder etwas zurückhaltend ist. Dadurch überlegt natürlich auch der Hund zweimal, ob er etwas wirklich tun soll. Oder aber er fühlt sich in der Verantwortung und versucht anstelle des Menschen, die Kontrolle über die Situation zu übernehmen.

Wenn ihr Mensch mal einen schlechten Tag hat und von vornherein weniger entspannt an die Übungen herangeht oder seine Frustrationsschwelle an jenem Tag besonders niedrig ist, merkt der Vierbeiner das auch schnell – aber da die veränderte Haltung ihn eher irritiert, macht er dann natürlich erst recht Fehler, Fehler, die aber eigentlich der Mensch verursacht hat und nicht das Tier, was aber viele Halter in solchen Momenten leider vergessen und sich über das Tier ärgern.

Genauso merken Hunde aber auch umgekehrt, wenn ihr Zweibeiner besonders gut gelaunt und enthusiastisch an etwas herangeht und große Sicherheit ausstrahlt. Entweder wird dadurch alles besonders entspannt und läuft fantastisch oder der Hund wird regelrecht übermütig während der Arbeit.

So oder so, es ist wichtig, sich immer wieder vor Augen zu halten, dass unsere eigene Stimmung auf unseren tierischen Partner abfärbt und ihn stark beeinflusst. Daher ist es auch immer sinnvoller, entspannt oder in neutraler Stimmung an Dinge heranzugehen. Wenn Sie von vornherein merken, dass Sie an einem Tag etwas angespannter sind, ist es vielleicht sinnvoller, sich nur an einigen leichten, schon bekannten und gefestigten Übungen zu versuchen und nichts Neues oder noch nicht ganz Sicheres auszuprobieren. Ihr Hund wird es Ihnen danken, wenn Sie selbstreflektierend an die Dinge herangehen und sich immer darüber im Klaren sind, dass Ihre Körpersprache besonders von Ihren negativen Emotionen stark beeinflusst wird und sich möglicherweise deutlich auf Ihre Kommunikation mit Ihrem Hund auswirkt.

Machen Sie sich keinen Druck bei der Arbeit mit Ihrem tierischen Gefährten. Welche Art von Unsicherheit Sie auch immer ausstrahlen, er wird sie am Ende nur widerspiegeln und macht im Prinzip dann nicht einmal etwas falsch, da er es eben so verstanden hat.

Sie und Ihr Vierbeiner sprechen eben unterschiedliche Sprachen und wir Menschen sind eher dazu in der Lage, die seinige zu lernen, als dass Hunde unsere lernen. Das kann man ihm aber nicht vorhalten.

Man sagt nicht umsonst, dass Tiere nur unser eigenes Verhalten auf die eine oder andere Weise widerspiegeln.

Das Setting der Fährtenarbeit

Wenn vom Setting der Fährtenarbeit die Rede ist, geht es natürlich nicht einfach nur um die am besten geeigneten Orte für Anfänger und Fortgeschrittene, also darum, welche Untergründe sich besonders gut eignen und welche schon eher knifflig für Ihren tierischen Freund zu bewältigen sind, sondern auch um alle sonstigen Umstände – welche Geruchsquellen es gibt, was Ihren Hund vor besondere Herausforderungen stellen würde, womit man die Motivation aufrechterhalten kann...

FÄHRTENFÄHIGER UNTERGRUND

Ein sogenannter fährtenfähiger Untergrund bezeichnet Böden, auf denen es möglich und sinnvoll ist, Fährten zu legen. Im Regelfall trifft das auf alle natürlichen Böden zu, also eine Wiese, Waldboden, Saat oder einen Acker. Vom Menschen fest angelegte Böden wie Asphalt oder Kopfsteinpflaster sind dementsprechend Beispiele für Untergründe, die sich auf keinen Fall eignen. Wenn man eine besondere Herausforderung für seinen Vierbeiner sucht und die Fährte von einer Straße oder Ähnlichem unterbrochen wird, ist das natürlich etwas anderes – was übrigens auch gar nicht so unüblich im kompetitiven Bereich ist, Wechselgelände und Überquerungen sind dort häufig an der Tagesordnung. Generell wählt man aber eher einen Boden, der den Geruch auch für mehrere Stunden noch gut abspeichert, sodass der Hund die Fährte gut nachverfolgen kann, besonders in den Anfängen der Fährtenarbeit. Das erleichtert das Lernen wesentlich.

Beim Mantrailing wäre das natürlich völlig anders: Hier setzt man immerhin nicht auf die mechanische Verletzung des Bodens, wobei die Duftstoffe freigesetzt werden, und man wählt auch nicht gezielt einen bestimmten Untergrund aus. Einheiten auf dem Asphalt gehören hier zum völlig normalen Training. Das liegt schlichtweg daran, dass der „Fährtenleger" in dieser Disziplin (im Fall eines Polizeihundes also tendenziell ein Flüchtender) während seiner „Flucht" Kleidungsfasern, Hautschuppen, Schweißtropfen oder ähnliche Stoffe zurücklässt, praktisch verliert, die für den Hund gut nachverfolgbar sind. Wenn Ihre Fährte in der Feldarbeit also einmal über einen asphaltierten Weg führt, ist das am Ende auch nichts, was Ihr Hund nicht mit etwas Übung leicht bewältigen kann. Auch auf dem Asphalt wird er Ihren Eigengeruch oder den des fremden Fährtenlegers noch identifizieren können. Der mechanisch freigesetzte Duft auf anderen Fährtenabschnitten mag das sein, worauf seine Nase hier primär trainiert wird, aber auch dort finden sich natürlich Düfte des Fährtenlegers, denen Ihr Vierbeiner dann über einen Weg folgen kann.

GERUCHSQUELLEN & FÄHRTENMISCHGERUCH

Bei den Geruchsquellen unterscheidet man generell Eigen- und Fremdfährte, die durch eine Verletzung vom Boden entstehen. Eigenfährten werden vom Halter selbst gelegt (natürlich ist der Hund dabei nicht anwesend oder wenigstens in ausreichender Entfernung angeleint oder er wird von einer zweiten Person gehalten bzw. beschäftigt – Hauptsache, es geschieht außer Sichtweite) und Fremdfährten von einer anderen Person.

Das Prinzip ist dabei eigentlich sehr einfach: Um eine Fährte zu legen, läuft man über das ausgewählte Stück Gelände und hinterlässt dabei Fußspuren – auch wenn sie nicht immer im Nachhinein deutlich sichtbar sind. Durch das Gewicht, mit dem der Boden dabei belastet wird, werden Mikroorganismen freigesetzt, die der Hund noch lange Zeit wahrnehmen kann – wie lange, hängt jedoch auch von Wind und Temperatur ab. Auch Regen spielt natürlich eine wichtige Rolle – Sie stellen sicher selbst fest, dass sich bei Regen die Gerüche Ihrer Umwelt stark verändern. Für Ihren Hund ist das natürlich nicht anders. Die Aufgabe ist noch zu bewältigen, aber tendenziell eher von erfahrenen Hunden, die die Herausforderung suchen. Für Anfänger ist Regen dann doch eher eine Härteprobe, da viele vom Regen hervorgebrachte Gerüche die Fährte stark überlagern können – teils wird sie vermutlich sogar verwischt sein.

Legen Sie Ihre Fährtenarbeit auf einen eher kalten Tag, dann wird sich Ihre Fährte normalerweise deutlich länger halten als an einem wärmeren Tag, da eine langsamere Verdunstung stattfindet und sie besser konserviert wird.

Der Wind spielt insofern eine Rolle, als er dem Hund eventuell die Fährte an etwas anderer Stelle oder schwächer vorgaukeln könnte, da er die Geruchsmoleküle verweht – entweder auf den Hund zu oder in eine der anderen drei Richtungen von ihm weg. Für den Anfang ist es also immer sinnvoll, seinem Schützling die Arbeit an einem eher windarmen Tag nahezubringen, um ihn bei der neuen Aufgabe besser unterstützen zu können. Später dient es aber als gutes Beispiel, um die Aufgabe zu erschweren.

Natürlich gibt es aber auch noch das Szenario, dass Ihre Fährte sich mit einer frischeren vermischt – was für Ihren Vierbeiner natürlich unheimlich interessant ist, denn wenn er auf seine Instinkte hören würde, müsste er eigentlich der frischeren Fährte folgen. Diese verspricht immerhin potenziell eher Beute als die ältere Fährte, der er folgen soll – im Grunde wird er also, obwohl die Fährtenarbeit als eine der natürlichsten Hundesportarten gilt, in diesem einen Punkt entgegen seiner Natur trainiert, denn er soll die interessantere Fährte einfach links liegen lassen.

Während besonders schwieriger Prüfungen wird das tatsächlich zum Teil sogar absichtlich gemacht und die Fährte wird an mehreren Stellen von einer weiteren Person gekreuzt, um den Hund auf die Probe zu stellen. Generell gilt aber: Der Fährtenmischgeruch setzt sich aus drei signifikanten Geruchsquellen zusammen.

Die erste Geruchsquelle stammt aus der **Erde**, da, wie bereits erwähnt, Stoffwechselprodukte von Mikroorganismen freigesetzt werden.

Die zweite Duftquelle hängt mit austretenden **Pflanzensäften** und oxidierenden Säften zusammen. Diese Reaktionen werden ebenfalls durch die Verletzung des Bodens ausgelöst, da die Organismen nun verstärkt mit der Luft in Kontakt kommen. Auch die dabei freigesetzten organischen Stoffe können anschließend von Bodenbakterien abgesetzt werden.

Die dritte Quelle ist auf den **Individualgeruch** zurückzuführen, den jeder Fährtenleger mit sich bringt. Das können Hautschuppen, Kleidungsfusseln oder aber auch Schweiß sein – oder auch einfach nur der Geruch, der an den Stiefeln haftet. Diese drei Quellen ergeben einen hoch

Individuellen Fährtengeruch, der vom Hund erkannt und verfolgt werden kann. Nur die Kombination ermöglicht ihm auch die Unterscheidung verschiedener Fährten – eine Quelle allein wäre nicht aussagekräftig genug und der Hund könnte dann nicht unterscheiden, von welchem Individuum die Fährte gelegt wurde. Das macht man sich zunutze, wenn man den Hund darauf trainiert, eben einer ganz bestimmten Fährte zu folgen und keiner beliebigen.

LIEGEZEIT

Man könnte meinen, Liegezeit könnte eine gewisse Ruhezeit sein, die der Hund vor seiner Aufgabe bekommen muss. Tatsächlich steckt dies aber nicht hinter dem Begriff. Damit ist tatsächlich gemeint, wie viel Zeit zwischen dem Legen der Fährte und der Arbeit des Hundes auf der Fährte vergehen muss. Diese Zeit variiert stark, je weiter man im Trainingsstand fortgeschritten ist. Idealerweise trainiert man verschiedene Liegezeiten, auch besonders lange, damit der Hund immer darauf vorbereitet ist und Abwechslung bekommt. Logischerweise ist es für den Hund schwieriger, eine Fährte mit einer Liegezeit von mehreren Stunden zu verfolgen als eine ganz frische. Dieser Parameter eignet sich also hervorragend, um den Schwierigkeitsgrad und damit die individuelle Herausforderung für den Hund zu variieren.

In den untersten Prüfungen wird eine Fährte nach bereits 20 Minuten zum Begehen freigegeben, was für Hunde, die noch relativ neu dabei sind, sehr gut machbar sein sollte. Mit ansteigender Schwierigkeit verlängert sich dann auch die Liegezeit der Fährten, zunächst auf mindestens 30 Minuten, dann schon auf 60 Minuten.

Das kann natürlich noch beliebig gesteigert werden, aber in den höchsten Klassen ist im Regelfall bei 180 Minuten Liegezeit die Grenze – was immerhin schon ganze drei Stunden sind, also eine beträchtliche Zeit, in der die Fährte anderweitig gekreuzt oder vom Wetter beeinflusst worden sein könnte.

Hier die Liegezeiten einmal im Überblick für die einzelnen Stufen:

Prüfung	**Mindestliegezeit nach PO**
FP1	20 Minuten
FP2	30 Minuten
FP3	60 Minuten
FH1	120 Minuten
FH2	180 Minuten

Selbst die längsten Mindestzeiten sind jedoch für einen geübten Hund im Regelfall überhaupt kein Problem – zumindest, wenn das Wetter und das Gelände es hergeben. Voll ausgebildete Polizeihunde können Fährten bis zu vier Wochen nach dem Legen noch verfolgen – wenn solche Zeiten im Mantrailing machbar sind, ist das in der Feldarbeit also sicher genauso wenig ein Problem.

FÄHRTEN UNTER ERSCHWERTEN BEDINGUNGEN

Wie bereits erwähnt, kann die Fährtenarbeit natürlich auch erschwert werden – entweder ungeplant oder auch völlig absichtlich. Wenn Sie selbst Kontrolle über die Fährtenlegung haben, also eben speziell im Training, können Sie zum Beispiel gezielt einen trockeneren Boden wählen oder zumindest einen Abschnitt einer längeren Fährte dort entlangführen lassen. Auch sogenanntes Wechselgelände eignet sich dafür sehr gut – das bedeutet, Sie wählen bewusst eine Fährte, die durch Gebiete mit unterschiedlichem Bewuchs führt.

Eventuell kann es Ihnen passieren, dass Ihre Fährte durch Heu führt, was die Arbeit ungemein erschweren kann – zum Beispiel durch Verwehungen oder dadurch, dass das Heu die eigentliche Fährte mit seinem starken Geruch überdeckt.

Gerade auf längeren Strecken können Sie auch ungeplant mit Verleitungen durch Wild oder durch Fußgänger konfrontiert werden – im Training dabei meist eher ungeplant, in den FH-Prüfungen sogar beabsichtigt. Ein gut trainierter Fährtenhund sollte in diesen Situationen eine ausreichende Souveränität zeigen. Aber gerade zu Beginn der Fährtenarbeit kann es für Neulinge schwierig sein, hier impulskontrolliert zu handeln und sich nicht ablenken zu lassen. Aber keine Sorge – auch das können Sie mit Ihrem Hund immer wieder trainieren und er wird sich auch an diese ablenkenden Situationen gewöhnen.

Aber Ihr größter Feind (oder Freund? Trainingspartner sogar?) bleibt das Wetter. Sie könnten spontan in einen Platzregen geraten, der die Fährte mindestens teilweise verwischt und mit anderen intensiven Gerüchen überlagert. Ein anderes Szenario ist ein aufkommender, starker Wind, der die Geruchsmoleküle davonträgt oder verstreut.

Oder aber Sie stellen am Morgen Ihres Trainings oder Ihrer Prüfung fest, dass Sie dieses Mal mit Frost konfrontiert werden, was Ihrem Hund seine Aufgabe auch sichtlich erschweren wird.

Ob gewollte Erschwerung oder nicht – nicht verzagen, weiter üben! Letzten Endes ist jeder Umstand nur eine neue Herausforderung und fördert den Trainingsstand Ihres Vierbeiners. Und umso motivierender sind die Erfolge unter solchen Umständen – sowohl für Sie als auch für Ihren tierischen Freund!

MOTIVATIONSOBJEKT

Das Wort „Motivationsobjekt" klingt jetzt vielleicht erst einmal danach, als müssten Sie sich jetzt ganz gewieft etwas Besonderes zurechtlegen – am besten das Lieblingsspielzeug, damit man nach geschaffter Fährte direkt zur Belohnung damit herumtoben kann.

Tatsächlich ist das aber in diesem Fall nicht gemeint.

Wenn wir von einem Motivationsobjekt sprechen, meinen wir hier tatsächlich in den meisten Fällen schlichtweg Futter.

Die Bestätigung Ihres Hundes passiert während der Fährtenarbeit im Regelfall rein über das gewählte Futter. Während der Anfangszeit kann man entlang der Fährte in gleichmäßigen Abständen Futter hinterlassen, um das Vorgehen zu unterstützen, aber im späteren Verlauf wird man sich davon lösen und lediglich die tatsächlichen Erfolge, wie das Finden eines Objekts, belohnen. Man könnte an dieser Stelle natürlich auch das Klickern – falls bereits dem Hund bekannt – als Überbrückung bis zur eigentlichen Futterbelohnung einbinden, aber dazu im Kapitel zum weiterführenden Training dann noch einmal etwas mehr.

DAS IDEALE FÄHRTENFUTTER

Im Prinzip eignet sich als Fährtenfutter (und Motivationsobjekt) so ziemlich jedes Futter, das keinen starken Eigengeruch hat und sich nicht deutlich vom Boden abhebt. Es sollte dabei nicht zu groß sein oder sich zumindest in gleichmäßige, kleine Stücke brechen lassen.

Außerdem ist es wichtig, dass Ihr Vierbeiner keine Probleme damit hat, es vom Boden aufzunehmen. So gesehen können Sie also auch problemlos reguläres Trockenfutter benutzen. Natürlich ist es auch unabdingbar, dass Ihr Hund es tatsächlich gerne frisst – wenn er das Futter nicht anrühren möchte oder, selbst wenn er es frisst, dies nur ungern tut, dann ist es definitiv die falsche Wahl als Futter. Sie sollten also unbedingt vor dem Training feststellen, was bei Ihrem Gefährten gut ankommt, und nicht erst währenddessen! Jeder Fortschritt wäre für Ihren Hund dann gleich ein gutes Stück weniger belohnend.

Dazu kommt dann noch, dass Ihr gewähltes Futter bei potenziellen anderen Bewohnern der Umgebung, wie beispielsweise Ameisen, keine ähnliche Begeisterung auslösen sollte. Sonst enden Sie noch damit, dass Ihr Hund der Fährte folgt und sich auf seine Belohnung freut – und die wurde schon längst von jemandem entführt. Das wäre für Ihren Hund doch etwas frustrierend.

Also zusammengefasst: Ihr Hund sollte es gerne fressen, aber die Umwelt nicht, und es sollte weder zu groß noch zu klein sein – und auf gar keinen Fall darf es für Ihren Hund schon aus weiter Entfernung deutlich zu riechen sein, geruchsneutral ist hier das Stichwort. Wenn es dann auch noch mit der Umwelt verschmilzt, haben Sie Ihr Optimum gefunden und es kann losgehen!

Falls Sie zum Beispiel aber nicht Ihr reguläres Trockenfutter verwenden möchten oder sich auch sonst bei der Auswahl unsicher sind, dann können Sie sich im Fachhandel oder online nach speziellem Fährtenfutter umsehen – die angebotenen Sorten sind häufig kleine Kausnacks, zum Beispiel in einer Würfel- oder Röllchenform.

Fährtenarbeit Schritt für Schritt

Jetzt geht es endlich ans Eingemachte: Wir beginnen mit der Fährtenarbeit! Dafür werde ich Ihnen jetzt die ersten Schritte erklären und noch einmal auf Fremd- und Eigenfährte eingehen – und natürlich auch auf alles rund um das Verlassen der Fährte und die Abgangssuche. Mit der Abgangssuche ist hier natürlich nicht gemeint, dass Sie oder Ihr Hund eine Fährte finden müssen. Die Fährte legen Sie immerhin selbst – oder ein Dritter – und Ihren Hund setzen Sie immer am Startpunkt gezielt an. Die Abgangssuche bezeichnet in erster Linie die beiden ersten Schritte: Abgangsquadrat und -dreieck. Denn beim Abgang handelt es sich am Ende nur um den Startpunkt (oder auch Endpunkt), den Ihr Hund abgehen muss, bevor es auf die Fährte geht.

DER ERSTE SCHRITT: DAS ABGANGSQUADRAT

Das sogenannte Abgangsquadrat soll dem Hund die Fährtenarbeit langsam, aber gezielt näherbringen, indem er lernt, dass er auf dem verletzten Boden Futter finden kann – auf unberührtem Boden jedoch nicht. In anderen Worten: Er soll zunächst einmal lernen, was eine Fährte ist beziehungsweise dass es sich lohnt, einer Fährte zu folgen.

Aber was genau ist das Abgangsquadrat denn nun und wie bekommt man eines? Sobald Sie einen geeigneten Boden für Ihre Arbeit gefunden und sich entschieden haben, wo Sie anfangen möchten, ist es Zeit, das Quadrat anzulegen. Suchen Sie sich dafür eine relativ unberührte Wiese oder einen Acker aus, auf der bzw. dem der Hund nicht mit zu vielen Ablenkungen konfrontiert wird. Für den Anfang ist es sinnvoll, wenn Sie das selbst tun und Ihren Hund aus einiger Entfernung zusehen lassen, damit er sieht, dass Sie Futter deponieren – nehmen Sie dafür gerne eine zweite Person mit, die den Hund so lange festhält; Anbinden geht natürlich auch.

Bei dem Quadrat, das Sie nun anlegen werden, geht es nicht darum, dass Ihr Hund Ihre Fährte verfolgt – es geht primär darum, dass er die Situation kennenlernt und versteht, dass er nur auf verletztem Boden fündig wird. Sie können also auch völlig ziellos in Ihrem Quadrat umherlaufen, bis es gut sichtbar für Sie selbst ist.

Ist der Ort also nun gewählt, machen Sie einen großen Schritt und stecken– falls Sie eines haben – ein Schild oder einen Stock neben Ihrem linken Bein in den Boden. Dieses dient als visuelle Orientierung für Sie selbst, wo die Fährte beginnt – und sobald Ihr Hund den Ablauf kennt, wird er bei Sichtkontakt mit dem Objekt auch wissen, dass er bald eine Fährte ausarbeiten soll.

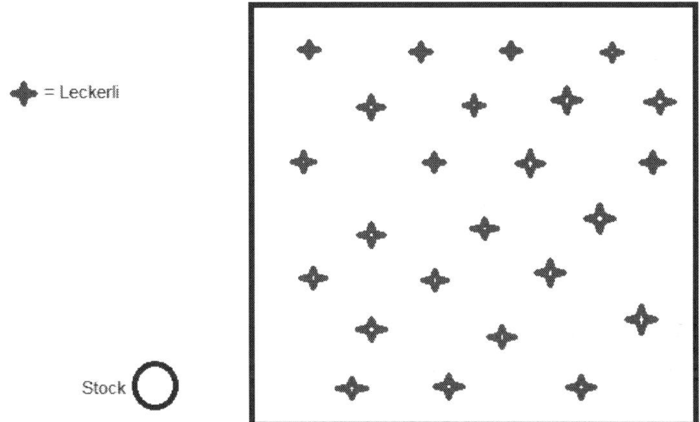

Im folgenden Schritt treten Sie ein deutlich erkennbares Quadrat aus, das etwa 30 x 30 cm misst – aber verletzen Sie dabei nicht den Boden um das Quadrat drumherum! Das wird am Ende bei Ihrem Hund für Verwirrung sorgen.

An die 30 x 30 cm müssen Sie sich natürlich nicht strikt halten. Die Maße sollten am Ende auch an Größe und Triebe Ihres Vierbeiners angepasst sein – ein Chihuahua wird zum Beispiel vermutlich keine Fläche benötigen, die seine Körpergröße um Längen überschreitet, er wird dann viel schneller das Interesse verlieren.

Wenn Sie den Boden nun gut zurechtgestampft haben, ist es Zeit, das Fährtenfutter zu verteilen. Es sollte einigermaßen gleichmäßig verteilt sein, aber Sie brauchen dabei nicht unbedingt ein bestimmtes Muster zu verfolgen.

Ist auch das erledigt, verlassen Sie das Quadrat wieder mit einem großzügigen Schritt und holen Ihren Hund näher an das Geschehen – aber lassen Sie ihn nicht sofort in das Quadrat stürmen!

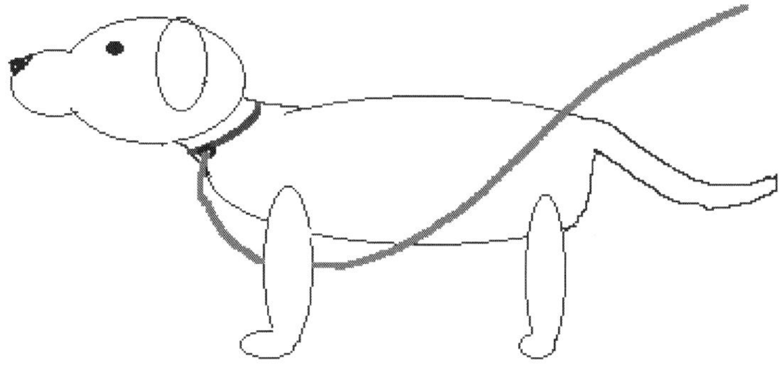

Bevor es richtig losgeht, sollten Sie noch einmal Ihre Leine überprüfen. Für die Fährtenarbeit können Sie diese entweder am Suchgeschirr oder Halsband einhaken, je nachdem, was Sie nutzen. In Prüfungen ist es offiziell zulässig, die Leine über den Rücken oder zwischen den Vorderbeinen (oder auch Vorder- *und* Hinterbeinen) laufen zu lassen, aber die zweite Variante ist häufig doch etwas sinnvoller, da Sie Ihren Hund so nicht aus Versehen nach oben ziehen, während er den Boden untersucht. Generell gilt: Sobald Ihr Hund im Abgang ist, ist die Leine locker. Jegliche Einwirkungen darüber sind zu vermeiden.

Am Quadrat angekommen, ist von Ihnen höchste Aufmerksamkeit gefragt. Das Ziel ist, dass Ihr Hund völlig eigenständig in der Fährte arbeitet, also sollte er sofort dafür gelobt werden, wenn er den Kopf senkt, um das Futter zu erschnüffeln – Handzeichen gibt es hier keine (außer natürlich, wenn Ihr Hund taub ist). Ein hörbares Signal wie „Such", welches nur der Fährtenarbeit vorbehalten ist – ähnlich wie „Nein" als Abbruchsignal –, sollten Sie ebenfalls trainieren, indem Sie das Signal geben, während Ihr Hund hörbar im Quadrat schnüffelt und Futter aufnimmt.

Das gefundene Futter wird ihn dabei schon etwas belohnen, da er Erfolg hatte, aber ein Streicheln hin und wieder wird Ihren Vierbeiner noch mehr bestätigen.

Stiefelt Ihr Vierbeiner selbstsicher aus dem Quadrat hinaus, um dort weiterzusuchen, korrigieren Sie ihn zunächst nicht – erst wenn er sich etwa eine halbe Hundelänge oder mehr entfernt, greifen Sie ein. Wenn er nur am Rand des Abgangsquadrates bleibt, besteht, wie gesagt, keine Notwendigkeit – so lernt er ganz von selbst, dass es auf unverletztem Boden nichts für ihn zu holen gibt. Loben Sie ihn dementsprechend auch ausgiebig, wenn er sich dann wieder dem Quadrat zuwendet.

Sie müssen auch gar nicht großartig an der Leine herumzerren – bei den meisten Hunden reicht es völlig aus, wenn die Leine gespannt wird. Sobald sie merken, dass es nicht vorwärtsgeht, drehen Sie häufig einfach wieder um und kehren dahin zurück, wo sie herkommen. Diese Korrektur sollten Sie in diesem Fall nicht als Strafe verstehen, sondern eher als Hilfestellung. Diese Einstellung wird Ihnen helfen, das richtige Maß an Tadel zu finden, wenn Ihr Hund sich von der Fährte wegbewegt.

Es ist außerdem ratsam, Ihren Hund besonders die ersten Male im Quadrat davon abzuhalten, wirklich alle Leckereien zu vernaschen – das Wissen, dass es dort noch mehr zu holen gab, wie ihre Nase es ihnen vermittelt hat, ist für viele (besonders eher antriebslose) Hunde eine Motivation gegenüber den nächsten Versuchen im Quadrat.

Der nächste Schritt im Rahmen des Quadrates unterscheidet sich kaum von dem vorherigen. Prinzipiell wiederholen Sie das Vorgehen einfach, aber dieses Mal drücken Sie die Leckereien tiefer in den Boden oder verstecken sie weniger sichtbar im Gras. In diesem Schritt wollen wir erreichen, dass der Hund sich aktiv und intensiv mit der gelegten Fährte beschäftigt. Er soll sich nicht mehr ausschließlich an den Leckereien orientieren, sondern verstehen, dass es die Fährte ist, die ihn zu seiner Belohnung bringt.

An dieser Stelle lohnt es sich auch, gegebenenfalls die Größe der Leckereien noch einmal anzupassen. Je größer das Leckerli, desto einfacher kommt Ihre Spürnase heran und desto weniger groß ist potenziell auch das Erfolgserlebnis Ihres Hundes. Leicht verdiente Beute wird schnell langweilig, umso befriedigender ist es also, aktiv dafür arbeiten zu müssen.

Vorsicht jedoch! Zu klein sollten sie auch nicht sein, sonst wird Ihr Hund sie früher oder später einfach liegen lassen und eher Frustration aus der Aufgabe mit nach Hause nehmen als Begeisterung.

Sitzen das Abgangsquadrat und das Kommando „Such" einigermaßen, wird die Schwierigkeit etwas gesteigert und man beginnt gezielt, dem Hund das Ansetzen beizubringen. Das bedeutet, dass nun (ganz besonders bei trieblich hoch veranlagten, aber auch den normal veranlagten Hunden) eine Grundstellung verlangt wird, bevor das Quadrat betreten werden darf. Das trainieren Sie, indem Sie ein Stück Futter in Ihre Hand nehmen und Ihren Hund damit bis kurz vor das Abgangsquadrat führen. Als Grundstellung dient hier zum Beispiel einfach das Kommando Sitz oder Platz, Hauptsache, Ihr Hund ist mental bei Ihnen. Dort bekommt er dann auch das Leckerli, das Sie in der Hand haben. Auf diese Weise erhalten Sie über kurz oder lang einen konzentrierten und ruhigen Hund auf dem Weg zum Abgang, ohne dass Sie später noch viel auf ihn einwirken müssen.

Im Gegensatz zu den normalen und stärker trieblich veranlagten Vierbeinern, bei denen wir das Ziehen so unterbinden, lassen wir die ruhigen und weniger fressfreudigen jedoch zu Beginn gerne von sich aus zum Quadrat ziehen. Vor dem Abgang werden sie kurz zurückgehalten und ein Stück Futter wird ganz offensichtlich an den Rand des Quadrates gelegt. Daraufhin heißt es warten, bis der Hund nicht mehr von sich aus an der Leine zerrt – aber sich auch weiterhin auf den Abgang konzentriert.

Ist dieser Zustand eingetreten, wird Ihr Hund mit einem deutlichen „Such" in den Abgang entlassen. Erfahrungsgemäß wird er zuerst das deutlich sichtbare Stück auflesen und dann seiner Nase in das Quadrat folgen, wo es noch deutlich mehr zu finden gibt.

Einige Hunde bleiben am Abgang zwar ruhig, reagieren auf das Kommando aber anschließend nicht – bei ihnen kann man im Grunde die beiden Varianten des Heranführens kombinieren. Haben Sie die Grundstellung erreicht und belohnt, legen Sie ein Futterstückchen an den Rand des Abgangs. Halten Sie Ihren Hund dabei ruhig am Halsband fest. Konzentriert er sich dann endlich auf den Abgang, geben Sie das Kommando „Such" und lassen Ihren Hund das Abgangsquadrat betreten.

Kurz gesagt: Beobachten Sie Ihren Hund genau, wie er sich am Abgang verhält, und passen Sie Ihre Führung entsprechend darauf an. Manche Hunde müssen eher gebremst, andere eher motiviert werden für ihre kommende Aufgabe. Finden Sie heraus, was auf Ihren Vierbeiner zutrifft!

Grundsätzlich gilt natürlich immer: Ihr Hund hat sich das Futter selbst zu erarbeiten, also im wahrsten Sinne des Wortes gilt hier für Sie Finger weg. Zeigen Sie Ihrem Hund niemals, wo er seine Belohnung finden kann – entweder er findet sie selbstständig oder eben nicht. Ihre Hände und Füße haben hier nichts verloren.

Um den Hund von Abgang zu Abgang ruhiger werden zu lassen, kann es in diesem Stadium auch helfen, mehrere Abgänge mit deutlichem Abstand zueinander anzulegen. Ihre Gerüche vermischen sich somit nicht, aber Sie können die Ergebnisse aus dem vorherigen Abgang sehr viel leichter direkt vertiefen oder auch korrigieren. Die Wiederholung wird Ihrem Vierbeiner helfen, die neuen Abläufe zu verinnerlichen. Das ist besonders hilfreich, wenn man mit unruhigen oder hektischen Tieren arbeitet, da diese im Regelfall mit jedem Abgang ruhiger werden – bei Tieren, die von vornherein eher ruhig sind, reicht meistens ein Abgang völlig aus.

Natürlich kann es auch jederzeit zu irgendwelchen Ablenkungen von außen kommen – reagieren Sie in dem Fall einfach nicht. Kein Hör- oder

Handzeichen, warten Sie einfach geduldig ab, bis Ihr Hund sich wieder von selbst auf das Quadrat konzentriert.

Wenn Ihr Hund dann so weit ist, dass er das Quadrat mit jeder Menge Ausdauer sehr intensiv untersucht und sich um jedes Futterstückchen bemüht, wird die Form des Abgangs verändert. Erkennen können Sie dies unter anderem daran, dass Ihr Hund beginnt, eine Systematik zu entwickeln. Er sucht gezielt die Fährte und schnüffelt nicht „ziellos" umher. Geben Sie ihm etwas Zeit, damit diese Stufe der Arbeit sich verfestigen kann. Dann ist er bereit für den nächsten Schritt.

DREIECKSSUCHE

Ist das Abgangsquadrat gemeistert, geht es also in Dreiecksform weiter. Ihr Hund wird sich inzwischen gemerkt haben, was Schild oder Stock in der Erde bedeuten, und sich auf die Arbeit freuen.

Bei der Dreieckssuche geht es schlichtweg darum, Ihren Hund bereits in die zukünftig richtige Richtung zu weisen, in der er im nächsten Schritt dann die weitere Fährte finden würde.

Hunde lernen bekanntermaßen unterschiedlich schnell, aber häufig braucht es nur um die fünf Versuche im Abgangsquadrat, bis man sich an die erste Fährte wagen kann. In der Regel verstehen Hunde gerade bei solchen Arbeiten, die ihren Instinkten weitgehend entsprechen, sehr schnell, was von ihnen gefordert ist. Damit der Hund es einfacher damit hat, in die Fährte hineinzufinden, wird nun anstatt eines Quadrates ein Abgangsdreieck ausgetreten, das auch gut und gerne etwas kleiner als das Quadrat ausfallen kann. Das Prinzip ist hier ansonsten das gleiche, verteilen Sie ihr Fährtenfutter darin – aber in der oberen Spitze des Dreieckes darf sich gerne etwas mehr finden. Dadurch fungiert diese Ecke zukünftig praktisch als Wegweiser für den Hund, wo er als Nächstes entlang muss.

Setzen Sie Ihren Vierbeiner entweder links oder rechts am Dreieck an. Erst wenn er die Spitze erreicht, wo es in Zukunft normalerweise weiter auf die restliche Fährte gehen würde, nehmen Sie ihn aus der Fährte heraus. (Wie genau das Herausnehmen funktioniert, finden Sie später im Kapitel „Fährte verlassen".)

Wenn auch das Dreieck nach etwa drei Versuchen sitzt und Ihr tierischer Gefährte sich von Beginn an in Richtung der Dreiecksspitze orientiert, ist es endlich so weit: Die erste Fährte steht an!

DIE ERSTE FÄHRTE

Von der Spitze eines typisch angelegten Abgangsdreieckes aus treten Sie nun mit etwa 20 bis 30 aneinandergrenzenden Schritten einen schmalen Pfad aus – im Grunde schon eher eine Linie aus Fußtritten, auf der in jedem Fußtritt ein Stück Futter eingetreten ist. Für erfahrene Hunde ist das natürlich lächerlich einfach, aber für Ihren noch lernenden Vierbeiner macht es das sehr viel einfacher. Der Weg ist dadurch direkt und lädt nicht zum unnötigen Stöbern ein – was in der Hobby-Fährtenarbeit weniger ein Problem darstellen würde, aber auf einer tatsächlichen Sportfährte, also in einer Prüfungssituation oder während eines Wettbewerbes, ein absolutes No-Go wäre.

Einige erfahrene Personen aus dem Fährtensport empfehlen, von vornherein mit Schlangenlinien zu arbeiten, also auch auf der allerersten Fährte – aber Sie können es genauso gut auch Schritt für Schritt angehen und zumindest das erste Mal auf eine gerade Fährte setzen, ehe Sie sich an Schlangenlinien probieren. Öfter sollten Sie das jedoch wirklich nicht tun, denn erfahrungsgemäß werden die Vierbeiner dann nur übermütig und „hetzen" die Fährte einfach nur entlang, statt sich wirklich Zeit dafür zu lassen.

Ihr Hund wird nun also wie bei der Dreieckssuche auch ganz regulär angesetzt, aber dieses Mal darf er die Spitze komplett plündern und danach sogar noch weitersuchen. Dadurch, dass sich in jedem Schritt Futter befindet, wird er sich immer weiter voran- und in die Fährte hineinarbeiten. Im Regelfall wird dabei jeder Schritt gründlich unter die Lupe genommen, wenn Sie wirklich in jedem Schritt auch eine Leckerei eingetreten haben.

Merken Sie, dass Ihr Vierbeiner Stücke liegen lässt und schneller wird, dann können Sie im nächsten Anlauf einfach etwas größere Futterstücke in die Schritte der Fährte eintreten. Ihr Hund wird dann eher bemerken, dass er etwas übersehen hat, und sich die Zeit nehmen, das Stück aus dem Boden zu lösen und aufzunehmen.

Alternativ können Sie natürlich Ihren Hund mit Spannung auf der Leine auch direkt anhalten, wenn Sie bemerken, dass er ein Futterstückchen auslässt. So vermitteln Sie ihm direkt, dass es nicht weitergeht, solange er nicht den Fußtritt genaustens absucht und langsamer wird. (In schwierigerem Gelände kann diese Assoziation später auch besonders hilfreich sein, da Sie Ihren Vierbeiner so einfach und ohne Druck dazu motivieren können, die Fährte vor sich noch genauer unter die Lupe zu nehmen.

Mit jeder neuen Fährte verlängern Sie die Strecke um ein paar Schritte, bis Sie etwa bei 50 Schritten angelangt sind. Läuft alles wie geplant, sollte Ihr Hund sich auch auf dieser Länge permanent um jedes Stück Futter bemühen und die Fährte genaustens ausarbeiten.

Tut er dies nicht, wiederholen Sie das ganze Prozedere einfach so lange, bis er es tut.

Tut er es, kann es mit dem Futterabbau weitergehen – aber die Betonung liegt hier tatsächlich auf „kann“. Es gibt durchaus die Möglichkeit, das Futter erst wesentlich später abzubauen – auch im Zusammenhang mit der Gegenstandsaufnahme ist die Verwendung von Futter nämlich noch sehr nützlich. Sind Sie neugierig auf die Gegenstandsarbeit und das

Absetzen vom Futter geworden, dann werfen Sie einfach einen Blick in die Teilkapitel „Gegenstände auf der Fährte“ und „Futterabbau“.

Schlangenlinien & Winkel

Fährten verlaufen, wie bereits angedeutet, natürlich nicht immer einfach nur geradeaus und Sie wollen auch mit Sicherheit nicht, dass bei Ihrem Hund einfach nur die Assoziation „Ich laufe in einer geraden Linie und bekomme dafür Futter“ entsteht. Fährten bestehen normalerweise eben aus Abbiegungen, Schlenkern etc. Als Beispiel: Schicken Sie Ihren Hund los auf eine Fährtensuche, bei der er eine verwirrte, aus dem Altenheim weggelaufene Frau finden soll oder ein Kind, das sich verirrt hat, so ist es unwahrscheinlich, dass diese sich immer nur geradeaus bewegen. Vielmehr werden sie abbiegen, wenden und nach rechts und links ausweichen, auf der Suche nach dem richtigen Weg. Ebenso laufen bei der Jagd die zu suchenden Tiere nie gerade aus – sie schlagen Haken, springen zur Seite, weichen aus. Deshalb sollten Sie das gleich im Training mit einbauen, damit Ihr Hund sich an diese Variationen gewöhnt.

Daher bieten sich Schlangenlinien als erste oder zweite Fährte durchaus besonders an.

Zu Beginn können Sie es dabei noch wirklich simpel halten und schlichtweg eine gebogene Linie bzw. eine Kurve anlegen, der der Hund folgen soll. Das wird auf lange Sicht dann mit ausgewachsenen Schlangenlinien gesteigert, bis Ihr Hund regelrecht im Slalom über das Gelände zieht.

Mit Schlangenlinien wollen Sie Ihrem Hund beibringen, dass es eben nicht einfach nur geradeaus geht, sondern dass er jederzeit mit einem Richtungswechsel zu rechnen hat, dem er genaustens folgen soll. Das unterstützt, wie bereits erwähnt, seinen ruhigen Umgang mit der Fährte, statt ihn übermütig werden zu lassen.

Außerdem: Wenn Sie bereits im ersten oder zweiten Versuch eine Schlangenlinie wählen, entfällt die Notwendigkeit, später ein gezieltes Winkeltraining durchzuführen, da Ihr Hund die Biegungen und Wechsel bereits kennt. Er muss dann lediglich noch lernen, dass es irgendwann scharfe Wendungen um beispielsweise 90 Grad geben wird – denn nach den Schlangenlinien wird über kurz oder lang auf deutliche Winkel umgestellt werden, wie sie in Prüfungen gefordert werden. Das können spitze, stumpfe oder rechtwinklige Winkel sein – auf jeden Fall sind sie deutlich klarer als Schlangenlinien.

Das heißt natürlich nicht automatisch auch, dass Schlangenlinien völlig von der Bildfläche verschwinden, sie werden auch später gerne noch weiter mit eingebracht, um etwas mehr Abwechslung zu gewähren.

Schrittfolge beim Legen der Fährte

Da Sie sich hiermit an einem Punkt befinden, an dem es sinnvoll ist, sich gezielt damit auseinanderzusetzen, wie man denn nun überhaupt eine Fährte richtig und für das Training sinnvoll legt, schauen wir uns das einmal etwas genauer an.

Zu Beginn wird dabei auf sehr schmale und dicht angelegte Fährten gesetzt. Solche sogenannten einspurigen Fährten legen Sie an, indem Sie einen Schritt direkt auf den nächsten folgen lassen – dazwischen soll sich erst einmal kein Abstand befinden! Seitlichen Versatz gibt es hier noch keinen; die Fährte kommt wirklich einer Linie gleich. Diese Art der Fährtenlegung haben Sie bereits bei der ersten Fährte angewendet.

Im Laufe der Zeit wird das dann entsprechend gesteigert und zwischen den Schritten tauchen langsam Abstände auf, die sich mit jeder Fährte weiter vergrößern. Wenn Sie dann an den Punkt gelangen, an dem Ihre einspurige Fährte Abstände mit einer normalen Schrittlänge erreicht hat, kommt der langsame Übergang von der einspurigen zur zweispurigen Fährte.

Bei der zweispurigen Fährte geben Sie es (schrittweise) auf, auf einer eindeutigen, schmalen Linie zu bleiben – hier kommt der seitliche Versatz

ins Spiel. Das bedeutet Folgendes: Wenn Sie normal laufen oder gehen, setzen Sie ja auch nicht jeden Fuß direkt vor den anderen oder laufen wie auf einer unsichtbaren Seiltanzspur, sondern Ihre Füße sind immer leicht parallel zueinander versetzt. Am Ende soll Ihr Hund natürlich in der Lage sein, dieser Spur ebenso zu folgen, und sich durch die Versetzung nicht irritieren lassen. Auch diesen Versatz können Sie also langsam auf den Normalzustand steigern, aber Ihr Hund sollte nach langem, wiederholtem Training auf der einspurigen Fährte aus der Erfahrung heraus dazu in der Lage sein, Zwischenräume zu meistern und im Fluss zu bleiben, statt sich davon verwirren oder ablenken zu lassen. Dass der Fluss der Arbeit dem seitlichen Versatz zum Opfer fällt, passiert im Regelfall eher, wenn bereits von ein- auf zweispurig umgestellt wird, wenn der Hund noch nicht mit größeren Zwischenräumen zu tun hatte und daher noch nicht optimal vorbereitet ist. Es kann durchaus passieren, dass Ihr Hund dann nur noch die linke oder nur noch die rechte Hälfte der Fährte genau absucht oder dass das ständige Wechseln von rechts nach links ihn aus der Ruhe bringt. Besonders junge Hunde neigen tatsächlich dann auch dazu, den Kopf zu heben und den nächsten Schritt rein visuell auszumachen. Das wollen wir vermeiden – die Fährtenarbeit sollte hauptsächlich von der Nase gemeistert werden.

Solange Sie relativ gerade Strecken oder ausgewachsene Schlangenlinien anwenden, brauchen Sie sich wohl um das richtige Anlegen von Winkeln auf der Fährte keine Sorgen machen, aber wenn die Zeit gekommen ist, sich daran zu versuchen, sollte man besser Bescheid wissen. Es scheint zwar einfach, einen Winkel zu gehen, um dem Hund aber beizubringen, wie er diesem folgt, gibt es einige Grundregeln, die Sie beachten sollten. Das Wichtigste am korrekten Legen eines Winkels ist: Es darf fürs Erste keinen sogenannten Fährtenabriss geben.

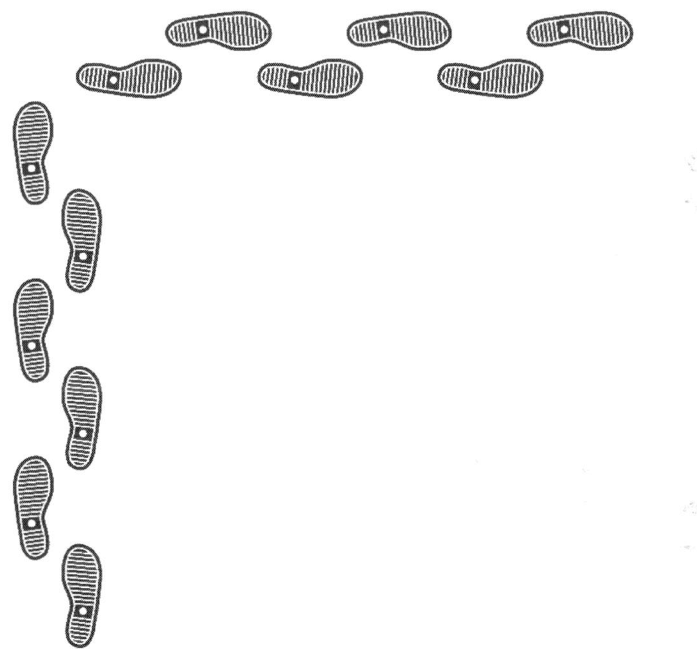

Konkret bedeutet das, dass Sie in Ihrer Schrittfolge darauf achten müssen, dass kein zu deutlicher Bruch stattfindet. Am besten befinden sich der letzte Schritt der vorherigen Linie und der erste Schritt des nächsten Abschnittes auf exakt der gleichen Höhe und etwas näher zueinander als die übliche Schrittweite, sodass der Hund den Übergang gut erkennen kann.

Regulär gilt beim Legen der Fährte außerdem, dass sie in normaler Gangart angelegt wird und diese auch beibehalten wird. Unterschiedliche Spannweiten können Sie allerdings natürlich später auch einmal ausprobieren, um Ihren Hund besonders zu fordern, aber das empfiehlt sich erst bei einem sehr sicheren und erfahrenen Umgang mit der Fährte.

Außerdem wichtig für den späteren Gebrauch von Gegenständen auf der Fährte: Gegenstände haben innerhalb von 20 Schritten vor oder nach dem Winkel nichts verloren und sollten immer auf der Fährte liegen. Auch nachdem der letzte Gegenstand abgelegt wurde, wird noch mindestens 10 Schritte in gerader Richtung weitergegangen. Andernfalls lernt der Hund, dass mit gefundenem Objekt seine Arbeit getan ist, und er wird gar nicht erst auf die Idee kommen, noch weiter nach einer Fährte zu suchen.

Eigen-/Fremdfährte

Wie in einem früheren Abschnitt bereits erklärt, unterscheidet man in der Fährtenarbeit in Eigen- und Fremdfährte. Bei der Eigenfährte legen Sie als Hundehalter die Fährte. Gerade wenn man, aus welchen Gründen auch immer, an einem Tag allein arbeitet oder arbeiten muss, wird es sich dabei also um Ihre Standardvorgehensweise handeln.

Eine Fremdfährte dagegen lassen Sie von jemand anderem anlegen. Ob das nun eine Person ist, die Ihr Hund schon kennt oder nicht, spielt keine weitere Rolle, auch wenn man bevorzugt eine fremde Person wählen würde – der Begriff steckt nicht umsonst im Wort. Fremdfährten begegnet man auf jeden Fall in Prüfungen und Wettbewerben, da es dort einen speziellen Fährtenleger gibt, der sich der Aufgabe annimmt. Sie selbst haben dort aus gutem Grund kein Mitspracherecht: Es gilt immerhin gleiches Recht für alle und niemand soll bevorzugt oder benachteiligt werden.

Generell geht man aber davon aus, dass es für die Hunde keinen besonderen Unterschied macht, wer die Fährte gelegt hat und ob er die Person kennt oder nicht, solange man beim Legen auf einige Dinge achtet:

- Variierende Spannweite der Schritte
- Versetzung der Schritte
- Variationen in der Auftrittsstärke
- Positionen der Winkel
- Ein- bzw. Ausdrehung der Fußstellung

Menschen neigen dazu, bestimmte Dinge aus reiner Gewohnheit zu tun – Rechtshänder zum Beispiel legen tendenziell häufiger Rechtswinkel, wodurch Linkswinkel natürlich völlig vernachlässigt werden und Ihren Hund vor ein Problem stellen könnten, wenn er dann einem auf einer Fremdfährte begegnet. Nicht, weil er sie nicht beherrscht, aber weil er ihnen bisher deutlich seltener begegnet ist.

Daher ist es wichtig, seine persönlichen Schemata besonders bei Eigenfährten zu vermeiden und jedes Mal etwas anders zu arbeiten. Das kann schon damit beginnen, dass man auf einer Fährte stärker auftritt und auf der nächsten deutlich leichter oder dass man die Füße auf der einen weit voneinander entfernt setzt und auf der nächsten sehr dicht beieinander und eher schmal.

Sie als der Hundehalter kennen Ihren Hund am besten, daher liegt es auch in Ihrer Macht, Ihre Eigenfährte an die Fähigkeiten und den Trainingsstand Ihres Hundes anzupassen, beispielsweise, wie häufig noch Futter platziert werden muss, um Ihren Hund in seinem Tun zu bestätigen. Ein fremder Fährtenleger kann das nicht gezielt tun, daher dienen Fremdfährten im Regelfall eher zur Kontrolle der bisherigen Arbeit. Und grundsätzlich gilt: Die Herausforderung sollte nicht zu groß, aber auch nicht zu klein sein. Üben Sie natürlich gezielt die Dinge, die Ihrem Hund Schwierigkeiten bereiten, um diese zu festigen. Achten Sie aber auch immer darauf, genügend Fährtenanteile zu legen, die Ihr Hund gut meistern kann. Solche Erfolgserlebnisse halten die Motivation Ihres Hundes hoch.

Endstation

Am Ende der Fährte wartet im Übrigen auch wieder ein ausgetretenes Dreieck – hier darf der Hund in aller Ruhe das Futter vernaschen, denn für nichts anderes als zur Vermittlung von Ruhe dient dieses Enddreieck. Es soll dem Hund sagen „Arbeit abgeschlossen, jetzt kannst du dich erholen“.

Auch hier gilt allerdings: nicht alles, um die Motivation für das nächste Mal aufrechtzuerhalten! Lassen Sie ihn am besten nur einige Stücke aufnehmen und nehmen Sie ihn dann ganz ruhig aus der Fährte heraus. Verbreiten Sie hier keine Hektik durch schnelle Bewegungen. Je ruhiger Ihr Umgang mit der Situation, desto angenehmer und positiver die Situation für Ihren Hund.

GEGENSTÄNDE AUF DER FÄHRTE

Wenn von Gegenständen für die Fährtenarbeit die Rede ist, geht es selbstverständlich nicht um Hundespielzeug oder irgendwelche Alltagsgegenstände. Im Regelfall meint man damit eher ein Stück Holz, Leder oder Kunststoff – auch ein spezieller Dummy kann genutzt werden. Diese muss der Hund „anzeigen“ oder aufnehmen und so vorzeigen.

Die Anzahl der gesuchten Gegenstände variiert je nach Prüfung zwischen drei und sieben und diese sind unregelmäßig auf der gesamten Fährte verteilt. Ein Gegenstand markiert dabei häufig das Ende der Fährte.

Um zu gewährleisten, dass die Gegenstände sowohl nicht überlaufen als auch vom Hund angezeigt werden, hat man einiges an Arbeit vor sich.

Bevor man überhaupt die ersten Gegenstände involviert, sollte man dem Hund unabhängig von der Fährte das Kommando „Platz“ nicht nur sicher beigebracht, sondern es auch mit einem signifikanten Handzeichen verknüpft haben, sodass Sie sich ohne Worte auch während des Trainings auf der Fährte verständigen können und Ihr Hund auf lange Sicht versteht, dass er sich hinlegen soll, sobald er auf einen Gegenstand stößt. Wenn das der Fall ist, geht es auf die Fährte, wo nun ein Gegenstand den Endpunkt darstellt. Dieser Gegenstand ist zu Beginn mit mehreren Futterstücken belegt, damit der Hund sich eher dazu verleitet fühlt, ohne jegliche Einwirkung Ihrerseits anzuhalten und sich darum zu kümmern. (Später reduziert man die Menge natürlich wieder.)

Ist der Hund mit dem Fressen beschäftigt, dann treten Sie neben ihn und geben das Kommando zum Hinlegen mit dem üblichen Handzeichen. Um sein Verhalten zu unterstützen, bekommt er dann noch ein Leckerli direkt aus Ihrer Hand, ehe er wieder aufstehen darf.

Ziel ist, dass Ihr Vierbeiner den Gegenstand entweder direkt vor seinen Pfoten oder dazwischen liegen hat, wenn er ihn anzeigt – nicht darauf oder darunter und auch nicht daneben. (Sie können Ihrem Hund auch beibringen, dass er den Gegenstand aufhebt und Sie ihm das Objekt abnehmen, ehe Sie Ihren Hund an der Fundstelle wieder neu auf die Fährte ansetzen.)

Nach und nach verschwindet das Handzeichen dann wieder, aber Sie stehen weiterhin neben Ihrem Vierbeiner, wenn er einen Gegenstand erreicht. Sobald der Hund sich gerade und problemlos ablegt, treten Sie auch nicht mehr neben ihn. Das kann Ihren Hund durchaus etwas verunsichern, aber bewahren Sie in dem Fall einfach erst einmal Ruhe und lassen Sie ihn ohne weitere Hilfe Ihrerseits herausfinden, was jetzt von ihm erwartet wird. Reagiert er richtig und nimmt die Platzposition ein, bekommt er natürlich eine Belohnung von Ihnen.

Wenn auch dieser Schritt geschafft ist, werden auch die letzten Leckereien auf dem Gegenstand weggelassen – bei etwaiger Verunsicherung Ihres Hundes warten Sie wieder einfach nur entspannt ab und belohnen das richtige Verhalten. Es besteht keine Notwendigkeit, falsches Verhalten zu bestrafen, sondern vielmehr wird hier gerade das richtige Verhalten bestärkt. Lassen Sie Ihren Hund aber ruhig selbst ein bisschen den Kopf anstrengen, damit er herausfindet, was Sie von ihm wollen.

Sind die letzten Probleme mit dem Endgegenstand aus der Welt geschaffen, wird es Zeit, auch auf der Fährte selbst weitere Gegenstände unterzubringen. Viele Hunde verwirrt das zu Beginn bzw. sie überlaufen diese Gegenstände dann erst einmal einfach. Das ist aber gar nicht weiter dramatisch, solange Sie selbst noch wissen, wo die Gegenstände liegen. Sollte Ihr Hund dann versuchen, das Objekt zu ignorieren, können Sie ihn einfach locker festhalten – auch hier wieder keinen Druck machen, sondern einfach nur die Leine auf Spannung halten, sodass Ihr Hund sich gezwungen sieht, sich noch einmal etwas genauer umzusehen. (Die Leine dient hier wieder nicht als Strafe, sondern als Hilfestellung.) Wenn er die vorherigen Übungen verinnerlicht hat, sollte er sich über kurz oder lang dann auch von selbst wieder in die Platzposition begeben. Treten Sie dann wie gehabt neben ihn und belohnen Sie ihn aus der Hand – im Laufe der Zeit natürlich dann nicht mehr jedes Mal, sondern nur noch hin und wieder zur Bestätigung.

Bevor Ihr Hund die Fährte wieder aufnehmen darf, legen Sie neue Futterstücke in die ersten paar Schritte nach dem Gegenstand. In der Regel werden diese beim Legen der Fährte nämlich immer ausgelassen, um die Chance eines Überlaufens von vorneherein zu minimieren. Mit diesem System wird außerdem auch gewährleistet, dass Ihr Hund seine Arbeit wieder in langsamem Tempo und hoch konzentriert aufnimmt, statt einfach drauf loszustürmen.

FUTTERABBAU

Den Futterabbau kann man, wie bereits erwähnt, zu verschiedenen Zeitpunkten beginnen. Entweder kann man damit nach einigen souverän gemeisterten Fährten beginnen oder erst, wenn auch die Gegenstandsarbeit gut läuft. Erfahrene Personen sagen auch, dass man damit anfangen kann, wenn eine etwa 400 Schritt lange Fährte sitzt und exakt ausgearbeitet wird

– mit Winkeln und jeglichen Bögen, egal, bei welchem Wind und Wetter. Grundsätzlich gibt es hier kein Richtig oder Falsch, die Methode muss vor allem wieder zu Ihrem Hund passen und funktionieren.

Generell gilt aber: Eigentlich verabschiedet man sich nie völlig von Futter auf der Fährte. Die gelegentliche kleine Motivation und die Belohnung bestärken die meisten Hunde eben besonders gut in dem, was sie tun, und sie haben so auch dauerhaft mehr Spaß daran – auch die extrem erfahrenen.

Prinzipiell lässt man die Verwendung von Leckereien ausschleichen. Das heißt, man lässt immer mal wieder ein Stückchen einfach weg und hat ein oder zwei Schritte, in denen nichts versteckt ist. Das kann man dann langsam auf die gesamte Länge der Fährte anwenden, sodass man nach einiger Zeit zum Beispiel mehrere Stellen hat, an denen in einem Fußtritt nichts zu finden ist. Am wichtigsten ist, dass es für Ihren Hund nicht erkennbar ist, wann und wo wieder ein Stück fehlen sollte, also etwa rigoros zu sagen: drei Schritte mit, einer ohne, drei Schritte mit – dieses Vorgehen wird Sie nicht ans Ziel führen. Sobald Ihr Hund das Schema bemerkt und abgespeichert hat, wird er Tritte der Fährte womöglich dann einfach auslassen und gar nicht erst ausarbeiten. Probieren Sie sich also lieber an ungleichmäßigen Auslassungen: vier Schritte mit Leckerli, einer ohne, drei mit, dann zwei ohne, drei mit, einer ohne – variieren Sie die Anzahl an Schritten mit und ohne Leckerei immer wieder. Sie wollen Ihren Hund ja nicht an gewisse Abfolgen gewöhnen, sondern erreichen, dass er dauerhaft konzentriert die Fährte absucht.

Zu Beginn sollten Sie jedoch darauf achten, dass Sie in den ersten und letzten 20 bis 30 Schritten keine Auslassungen vornehmen, sodass Ihr Hund in seinen gewohnten Rhythmus kommt, ehe sich plötzlich etwas ändert. Auf diese Weise helfen Sie ihm am besten damit, sich an die neuen Umstände zu gewöhnen und außerdem auch für die nächste Fährte wieder optimal motiviert und sicher zu sein.

Im Zusammenhang mit dem Futterabbau kann auch die sogenannte „Döschenarbeit“ sehr interessant sein. Diese wird natürlich nicht nur beim Futterabbau angewendet, sondern auch bei schlechtem Wetter oder wenn man an Unsicherheiten arbeitet.

Diese Form der Fütterung ist aus verschiedenen Gründen besonders nützlich. Zum einen kann man damit auf lange Sicht eine höhere Konzentration erreichen, ergo auch die Suchgeschwindigkeit drosseln, zum anderen ist sie besonders flexibel in Bezug auf die Witterungsverhältnisse. Außerdem – und das macht sie besonders spannend für so manchen Hund und Hundehalter – kann man damit auch auf besondere Belohnungen setzen, die andernfalls nicht geruchsneutral genug wären.

Für den Futterabbau ist sie insofern interessant, als man den Hund besser auch längere Abschnitte ohne Futter ausarbeiten lassen kann. Seine intensive Suche wird dann mit dem Inhalt der kleinen Dose belohnt.

Als Dosen bieten sich kleine Filmdosen oder Vergleichbares an, Hauptsache, sie sind farblich nicht zu auffällig und zu groß und man kann sie gut im Boden tarnen oder leicht ein- und ausgraben.

Womit Sie die Döschen am Ende füllen, bleibt Ihnen überlassen. Normales Trockenfutter kann genauso gut funktionieren wie eine besondere Leckerei – oder Sie wechseln sie ab.

Wenn Sie das erste Mal die kleinen Behälter verwenden, können Sie sie noch ohne Deckel auf die Fährte legen, sodass Ihr Hund den Geruch wahrnimmt und die Dose auch mit einer Belohnung verknüpft. Hat er das verstanden, wird sie verschlossen und schließlich auch eingegraben. Wird Ihr Hund dann fündig und lässt auch deutliches Interesse erkennen, loben Sie ihn ruhig überschwänglich, so dass er in seiner Aktion bestätigt wird – und geben Sie ihm natürlich auch den Inhalt. Je stärker die positive Verknüpfung, desto eher wird er sich auch darauf konzentrieren, solche Döschen ausfindig zu machen.

Auch hier gilt bei der Verwendung natürlich wie auch beim regulären Futterabbau: Lassen Sie kein erkennbares Schema zu, das Ihr Hund bemerken könnte.

FÄHRTE VERLASSEN

Es ist nicht selten, dass gerade unerfahrene Hunde die Fährte von sich aus verlassen. Vielmehr werden wir hier einen genaueren Blick auf das bewusste Verlassen – wie beispielsweise Herausnehmen – werfen.

Wenn die Hunde noch relativ neu dabei sind, kommt es durchaus mal vor, dass sie die Fährte verlassen. Wie bereits im vorherigen Teilabschnitt des Kapitels angemerkt, wirken wir in diesem Fall nicht aktiv auf den Hund ein, sondern bringen lediglich die Leine auf Spannung. Sobald der Hund merkt, dass es nicht mehr vorwärtsgeht, wird er über kurz oder lang kehrtmachen und sich wieder der Fährte zuwenden und dort selbstständig weiterarbeiten. Loben Sie ihn dann mit ruhiger Stimme und eventuell einem Streicheln; Hauptsache, Sie unterbrechen ihn in seinem Arbeitsfluss nicht und er arbeitet konzentriert weiter die Fährte aus. Durch diese Bestätigung lernt Ihr Hund auch direkt, sich selbst zu korrigieren, falls er einmal von der Fährte abkommt und nichts mehr finden kann. Der ruhige Umgang mit der Situation Ihrerseits wird sich auch bei Ihrem Hund bezahlt machen, denn im Regelfall bleibt er dann nach dem Verlassen sehr schnell stehen und kontrolliert seine Umgebung sorgfältig, bevor er einen Schritt zurück macht und erneut sein Umfeld absucht, wobei er normalerweise dann auch seinen Fehler erkennt und ruhig erneut anfängt. Hunde, die durch deutliche, eventuell auch sehr strenge Einwirkungen Ihres Halters korrigiert wurden, gehen mit der Situation oft nicht annähernd so gut um – sie neigen viel eher dazu, hektisch oder panisch zu werden. Dieses Verhalten ist natürlich alles andere als hilfreich, denn dadurch wird es nur umso wahrscheinlicher, dass sie die Fährte endgültig verlieren und es nur noch mit Eingriffen von außen wieder schaffen, sie weiter auszuarbeiten.

Ist Ihr Hund erfolgreich auf diese Weise ausgebildet, wird er sich immer auf der Fährte wohler fühlen als abseits davon und wird sie daher von sich aus lieber versuchen, zu halten als zu verlieren.

Das bewusste Herausnehmen aus der Fährte dagegen läuft völlig anders ab und hier geht es wirklich darum, den Hund von der Fährte langfristig zu trennen – und nicht darum, dass er sich innerhalb kurzer Zeit wieder darauf konzentrieren soll. Sehen Sie das Trennen von der Fährte als einen Prozess, der dem Hund verdeutlicht, dass er eine gute Arbeit geleistet hat und er nun seine Aufmerksamkeit wieder bevorzugt auf Sie richten soll. Es ist also eine Art Umlenkung der Konzentration auf Sie. Das Herausnehmen findet im Regelfall am Ende der Fährte seine Verwendung, wenn der Hund bereits die Fährte an sich hinter sich gebracht hat und nun davon abgehalten werden soll, sich die letzten Stückchen Futter einzuverleiben. Dabei gehen wir besonders ruhig und sanft mit dem Hund um, um keine negativen Assoziationen zu erschaffen. Schließlich soll der Hund seine letzte Erfahrung mit der Fährtensuche so positiv wie möglich in Erinnerung behalten, damit er das nächste Mal gerne wieder mitmachen wird.

Bei Welpen und kleineren Hunden ist der Prozess besonders leicht; Sie können Ihren Hund in dem Fall im wahrsten Sinne des Wortes einfach vorsichtig aus dem Abgang herausheben.

Bei größeren Hunden funktioniert es jedoch etwas anders und benötigt ein wenig Vorarbeit. Keine Sorge, es ist nichts, was Sie konzentriert trainieren müssen – streicheln Sie Ihren Vierbeiner einfach gelegentlich über Hals und Rücken, während er auf der Fährte unterwegs ist. So empfindet er Sie nicht als Grund, unruhig zu werden, wenn Sie einmal näher treten – und verknüpft Ihre Präsenz auch nicht damit, dass er gleich von der Fährte getrennt wird.

Im Abgang können Sie dann Ihren Hund entspannt am Halsband nehmen und langsam wegführen. Es ist tatsächlich optimal und gewünscht, wenn er der Aufforderung ein wenig widerwillig nachkommt und sich weiter auf den Abgang fokussiert, denn das spricht für seine Motivation für zukünftige Einheiten.

Sie sollten es jedoch vermeiden, ihn über die Leine koordinieren zu wollen, wenn Sie Ihren Vierbeiner von der Fährte nehmen. Das könnte nur dazu führen, dass Ihr Hund zukünftig bei Druck auf der Leine mit einem Abbruch seiner Arbeit reagiert, was nun wirklich das Gegenteil von dem ist, was Sie möchten.

EXTRA: JUNGHUNDE AUF DER FÄHRTE

Die Arbeit mit Junghunden ist immer etwas Besonderes – sowohl besonders spaßig als auch manchmal besonders fordernd. Die Arbeit mit jedem Hund erfordert Geduld und Ausdauer, aber meistens kommt es einem mit den kleinen Wirbelwinden noch sehr viel anstrengender vor (auch wenn es das häufig gar nicht ist).

Den jungen Vierbeinern fehlt es noch an jeder Ecke an Erfahrungen – das Training ist für sie noch sehr viel schwieriger, da sie es noch nicht so gut kennen und ihre Konzentrationsspanne im Regelfall auch deutlich kürzer als bei älteren Hunden ist. Junghunde neigen auch sehr viel schneller dazu, sich neuen Aufgaben schon völlig übermotiviert und daher auch übermütig zu widmen, was auch nicht immer praktisch ist – ein besonders aufgekratzter Hund ist nicht auch gleich besonders aufnahmefähig.

Und nicht zu vergessen, gibt es dann auch noch die beliebte Rüpelphase: die Pubertät. Man kennt es vielleicht sogar schon von seinen Kindern zur Genüge: Forderungen werden doppelt und dreifach hinterfragt, manche Bitten komplett ignoriert und permanent wird getestet, was man sich erlauben kann und was nicht. Die Aussicht auf ein gutes Training ist an so manch einem Tag dann doch gleich etwas weniger farbenfroh.

Natürlich sucht man eine sinnvolle Beschäftigung für das junge Fellknäuel oder man hat sich vorgenommen, mit seinem neuen Hund mal etwas ganz Neues auszuprobieren und ist so bei der Fährtenarbeit gelandet. So oder so – auch wenn es natürlich wie jeder Lernprozess seine Zeit in Anspruch nehmen wird, ist die Fährtenarbeit eine gute Wahl für den jungen Vierbeiner. So fördert man von vornherein nicht nur die feine Nase, sondern auch die Konzentration und tut dank der gemeinsamen Erfolgserlebnisse auch gleich etwas für die Bindung untereinander.

Wann Sie damit loslegen, liegt überwiegend in Ihrem eigenen Ermessen, aber die unterste Grenze befindet sich hier bei einem Alter von 15 Wochen. In diesem Alter ist der junge Hund bereit, sich der Aufgabe zu stellen, und er sollte sich auch genügend in der Umgebung eingewöhnt haben. Außerdem sollte er dann auch so weit sein, dass er sich bei Ihnen eingelebt hat und sich jederzeit wohlfühlt. So ist es viel wahrscheinlicher, dass er sich weniger ablenken lässt und mit Ihnen besser zusammenarbeitet.

Damit sind die wichtigsten Ecksteine gesetzt und der Einstieg kann losgehen. Am wichtigsten ist natürlich, wie auch bei allen anderen Hunden, dass die Grundkommandos vorher schon sitzen beziehungsweise zumindest bekannt sind und regelmäßig geübt werden. Wenn Dinge, wie zum Beispiel „Sitz“, „Platz“, „Bleib“ und ein Abbruchsignal, nicht gut funktionieren, werden auch die Signale speziell für die Fährtenarbeit nicht unbedingt einfacher werden. Wenn das Fundament noch nicht steht, kann man schlecht darauf aufbauen – denn auch, wenn in diesem Ansatz der Fährtenarbeit nicht viele Grundkommandos wirklich nötig sind, funktioniert es nicht ohne, um immer Herr der Lage zu bleiben. Unerwartete Ablenkungen oder Probleme irgendeiner Art können immer auftreten.

Und wenn ein Junghund selbst die Grundlagen noch nicht gefestigt hat, kann man dann wirklich davon ausgehen, dass er bereit dafür ist, etwas so Großes zu bewältigen? Wenn Ihr junger Vierbeiner die

Grundkommandos allerdings schon so gut kennt wie seine eigenen vier Pfoten, steht der Fährtenarbeit nichts im Wege.

Prinzipiell läuft es genauso ab, wie zuvor schon beschrieben – nur mit noch mehr Zeit, Ruhe und Geduld. „Routine“ ist das Schlüsselwort – tägliches Training ist zur Festigung bei jungen Hunden beinahe ein Muss, besonders ganz zu Beginn. Wenn Sie also mit der Abgangssuche im Quadrat beginnen, wiederholen Sie das ruhig so regelmäßig wie möglich. Binden Sie dabei auch verschiedene Geländearten ein – so vermeiden Sie von Beginn an, dass Ihr Schützling sich für einen Boden mehr begeistert und sich dort wohler fühlt als auf einem anderen.

Ein junger Hund wird es Ihnen vermutlich insgesamt sogar etwas einfacher machen als ein älterer, denn der Wille, für Futter auch wirklich noch zu arbeiten, ist häufig noch deutlich höher – die älteren Vierbeiner sind im Regelfall eher Hände und Näpfe gewohnt, wenn es um Futter geht, und nicht, dass sie aktiv den Boden bearbeiten müssen. Diese Motivation besteht natürlich auch bei älteren Hunden oft genug von vornherein, aber eben nicht immer und man trifft sie tendenziell doch eher bei den jungen Energiebündeln an.

Wie bereits erwähnt, gibt es keinen besonderen Unterschied zu den älteren Hunden. Wichtig ist natürlich gerade beim ganz jungen Kaliber noch, dass man die Hunde nicht überfordert oder zu lange arbeiten möchte. Kurze, einfache Einheiten zahlen sich hier aus – und ein lockerer, spielerischer Ansatz wird sich hier lohnen. Das heißt: Wenn Sie bemerken, dass Ihr Hund langsam das Interesse verliert, nehmen Sie ihn ruhig direkt aus dem Abgangsquadrat. Seine Konzentration wird sich mit der Wiederholung steigern und bis zur ersten Fährte ist es noch ein langer Weg für einen Welpen, es ist also überhaupt nicht schlimm, wenn Sie vorzeitig aufhören. Als Faustregel gilt hier grundsätzlich: Für einen Welpen von 15 Wochen eignen sich drei oder vier zehnminütige Trainingseinheiten als eine zusammenhängende von 30 oder 40 Minuten.

Ansonsten gibt es nur noch einige Tipps am Rande: Nutzen Sie bei den Jungspunden ruhig eine kürzere, leichtere Leine von zwei bis drei Metern Länge – das genügt für die Anfangszeit wirklich problemlos. Auch etwas größere Futterstücke, als Sie regulär nutzen würden, sind für das spielerische Anlernen gern gesehen!

ⓘ Wichtig ist aber, dass Sie während des Zahnwechsels das Training unterbrechen. Der Zahnwechsel ist für viele Hunde sehr unangenehm und schmerzhaft und sie sind durch leichtes Fieber auch körperlich einfach nicht völlig in Form. Schwindender Appetit und fehlende Motivation sind in dieser Phase alles andere als unüblich. Daher lohnt es sich, das Training während dieser Zeit ausfallen zu lassen, um die Fährtenarbeit nicht unabsichtlich negativ zu behaften – beispielsweise durch Schmerzen beim Aufnehmen der Futterstückchen. So können Sie gewährleisten, dass Ihr kleiner Freund auch nach dem Zahnwechsel wieder motiviert die nächste Fährte gründlich absucht.

Fährtenarbeit Spezial: Weiterführendes Training

Natürlich kann man die Grundlagen noch immer weiter vertiefen. Niemand wird Ihnen vorschreiben, ob Sie Ihre Fährte nach drei Stunden Liegezeit nicht einfach noch länger liegen lassen können, und niemand wird Sie davon abhalten, die Fährte immer weiter zu verlängern – auch wenn allein das Legen der Fährte irgendwann schon ein Ausdauerjob wird. Noch dazu sollten Sie immer im Blick haben, Ihrem Hund die Motivation damit nicht einfach unabsichtlich zu nehmen. Auch Ihr Hund hat irgendwann genug – aber wenn Sie gewillt sind, Dinge auszuprobieren, um die Fähigkeiten zu vertiefen, dann auf ins Feld!

Daher werfen wir jetzt einen Blick auf Elemente, die normale Fährten etwas aufpeppen können und sie in Spezialfährten verwandeln – und wir schnuppern in ein oder zwei alternative Trainingsansätze hinein. (Auch wenn das Erlernen durch Futterbestätigung bei Weitem das gängigste Vorgehen ist.)

Und wenn Ihnen das immer noch nicht genug Abwechslung ist: Dann ist da auch noch das extra schwierige Training, das man aber wirklich nur in Betracht ziehen sollte, wenn der Hund die entsprechenden Qualitäten aufweist und Sie selbst auch schon erfahren genug dafür sind. Der Ansatz der Problemlösung ist nicht nur schwierig, sondern auch ein schmaler Grat zwischen richtigem Handeln und andauernden Konsequenzen.

SPEZIALFÄHRTEN

Der Begriff „Spezialfährten" klingt vermutlich ziemlich spannend und spaßig – und das kann er auch sein! Wenn die regulären Fährten beginnen, Sie oder Ihren Hund zu langweilen oder nicht mehr ausreichend zu fordern, dann wird es einfach Zeit für etwas frischen Wind.

Also geht es nun ran an die schweren Geschütze! Ihrer Fantasie sind hier im Prinzip keine Grenzen gesetzt, solange Sie nicht völlig leichtsinnig werden und beschließen, Ihre Fährte über eine Autobahn zu legen – das nur mal als Extrembeispiel.

Experimentieren Sie frei mit verschiedenen Untergründen innerhalb einer langen Fährte oder probieren Sie jedes Mal kurze Fährten auf verschiedenen Untergründen aus.

Kennen Sie beispielsweise einen nicht besonders stark genutzten Sport- oder Spielplatz? Nutzen Sie das aus – sofern das für Sie keine Probleme mit sich bringt natürlich – und legen Sie einmal eine kürzere Fährte quer über den Sportplatz mit Durchlaufen der Sprunggruben und Kreuzung der Laufbahnen. (Aber bitte nur an Tagen, an denen auch niemand gerade am Laufen oder Springen ist – zu Fall bringen wollen wir ja auch niemanden.)

Wenn es bei Ihnen in der Nähe spannende Orte gibt, wie eine alte, frei zu besichtigende Burg oder einen nicht mehr genutzten Steinbruch, der aber auch frei zugänglich ist, dann planen Sie doch einmal einen Tag Fährtenarbeit dort ein. Das wird für Ihren Hund mit Sicherheit ein spannendes Erlebnis werden.

Falls Sie einmal mit Ihrem Hund im Strandurlaub sein sollten oder anderweitig Zugang zu Sandstränden haben – an Badeseen zum Beispiel –, dann könnten Sie auch hier mal eine kurze Fährte legen, einfach nur, um etwas frischen Wind in die Sache zu bringen.

Eine andere Option – wenn es sich denn irgendwie anbietet, beispielsweise im Winter oder bei einem Ausflug in die Berge – wäre eine Fährte im Schnee. Das dürfte Ihren Vierbeiner auch auf Trab halten und er wird sicher begeistert im Schnee stöbern, um seine Fährte zu behalten.

Ansonsten können Sie natürlich auch einfach Ihre Fährten daheim so bunt gestalten, wie es Ihnen beliebt. Laufen Sie einfach mal schräg über Traktorspuren beim Legen der Fährte oder wählen Sie eine Strecke mit einem etwas breiteren Bach. Legen Sie eine Fährte, die an einer Stelle durch das Unterholz führt, und lassen Sie Ihren Hund ein wenig über Baumstämme klettern und die Nase zwischen den Ästen versenken.

Oder überraschen Sie Ihren Hund damit, dass er die Gegenstände nicht dort findet, wo sie sein sollten, und zwar auf der Fährte, sondern beispielsweise daneben.

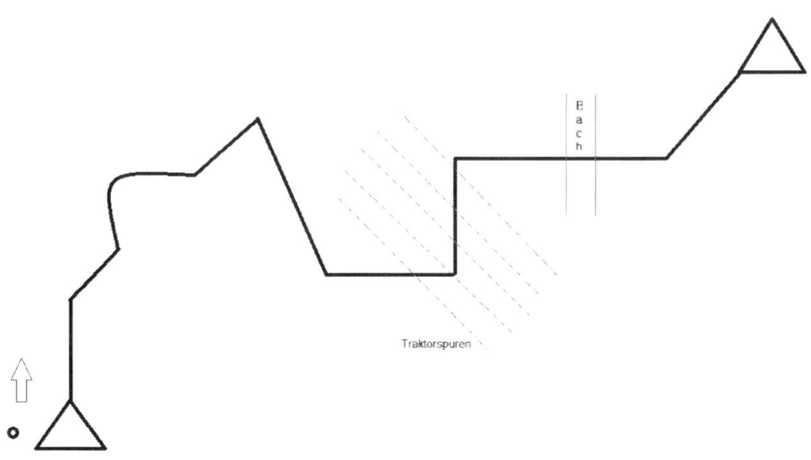

Wenn Sie eine ganz besondere Herausforderung suchen und Ihnen die Witterungsverhältnisse an manchen Tagen noch nicht genug sind: Legen Sie Ihre Fährte einfach mal am Abend und beginnen Sie erst darauf zu arbeiten, wenn es schon ganz dunkel ist. Die völlig neuen Gerüche werden mit Sicherheit zu einer ganz besonderen Herausforderung für Ihren Vierbeiner – und wenn es nur daran liegt, dass er ein wenig leichter abgelenkt wird als sonst, da im Dunkeln eben auch viele Tiere aktiv werden, die tagsüber eher die Füße stillhalten. Das kann dermaßen ungewohnt für die Nase Ihres Hundes werden, dass er sich über diese besondere Fährte bestimmt freuen wird. Davon abgesehen wird es ebenso ein Erlebnis für Sie selbst – mit Taschenlampe und Hund an der Hand eine Fährte auszuarbeiten, wird für Sie sicher auch eine ganz neue Art der Herausforderung.

Eine andere Möglichkeit, etwas ganz Besonderes zu machen, ist eine unglaublich ausgedehnte Liegezeit – wie wäre es damit, die Fährte einen ganzen Tag vorher zu legen? Oder auch nur einen halben Tag, also immer noch ganze 12 Stunden? Das wird Ihre Spürnase sicher ganz besonders auf die Probe stellen!

Wenn Sie Ihre Fährte ansonsten noch spezieller machen wollen, gibt es natürlich auch noch andere Wege und Mittel. Wenn Sie sich nur auf etwas ganz Simples berufen wollen, dann probieren Sie doch einfach mal verschiedene Tempi beim Legen der Fährte aus. Sie könnten einen Schenkel der Fährte beispielsweise joggen oder sogar rennen. Natürlich können Sie es auch mit Hüpfen probieren oder mit dem Hopserlauf – werden Sie hier gerne kreativ! Die Abwechslung wird Ihre Spürnase herausfordern und er wird sich dank seiner Erfahrung sicher schnell an die Situation anpassen und sie souverän meistern.

Toben Sie sich im wahrsten Sinne des Wortes einfach aus. Nicht jede scheinbar verrückte Idee ist auch abwegig – und was hält Sie schon davon ab, es auszuprobieren? Auch jede gescheiterte Idee hilft Ihnen und Ihrem Hund dabei, erfahrener zu werden und auf neue Situationen angemessen zu reagieren. Spezialfährten schulen Sie beide für neue Umstände – egal, ob nun der Untergrund ungewohnt ist, die Umgebung völlig neu oder ob irgendetwas anders ist als sonst.

Am wichtigsten ist sowieso, dass Sie beide gemeinsam Spaß an der Sache haben, statt sich frustrieren zu lassen. Denn dann lernen Sie nicht nur dazu, sondern wachsen auch weiter zusammen.

Von rein sportlicher Seite her sind Spezialfährten natürlich etwas anderes, zumindest größtenteils. Betrachtet man es unter diesem Aspekt, geht es eher um den Aufbau der Fährte. Das heißt, dass man es auf Spezialfährten zum Beispiel mit deutlich verlängerten Liegezeiten zu tun hat. Weitere Merkmale sind Art und Anzahl der Winkel oder auch Verleitungsfährten, die von anderen Personen gelegt wurden und die Hauptfährte kreuzen. Dessen sollten Sie sich bewusst sein, aber sich mit den Fährten kreativ auszuleben, klingt doch auch nicht schlecht, oder?

ALTERNATIVE TRAININGSANSÄTZE

Bisher wurde hier nur das Training der Fährtenarbeit über die Futterschiene angesprochen, obwohl es sicherlich noch einige andere Wege gibt, die man genauer beleuchten könnte.

Das liegt aber einfach daran, dass sich die Futtermethode in der Fährtenarbeit bewährt hat. Die Konditionierung über Futter und ohne jeglichen Druck oder Zwang ist häufig der zuverlässigste Weg, seinen Vierbeiner erfolgreich an die Fährtenarbeit heranzuführen und ihn auch dementsprechend zu motivieren, so dass er sich auch weiterhin gerne und konzentriert damit beschäftigt. Natürlich gibt es aber Mittel und Wege, das gesamte Vorgehen zu individualisieren oder auch den Futtergebrauch etwas zu vermindern.

Eine mögliche Variante wäre beispielsweise das **Klicker-Training**. Falls Sie sich noch an das Teilkapitel zum Pawlowschen Hund erinnern – dort wurde es bereits einmal angesprochen.

Da Ihr Hund im Verlaufe des Klicker-Trainings darauf konditioniert wird, das Klickern als etwas Positives und als eine Belohnung bzw. Bestätigung wahrzunehmen, kann man es auf verschiedene Weisen in die Fährtenarbeit einbinden. Natürlich wird man besonders bei neuen Teilschritten vermutlich nicht drumherum kommen, weiterhin etwas Futter zu verwenden, um den Effekt zu verstärken und seinem Vierbeiner beim Lernen etwas unter die Arme zu greifen.

Es bietet sich beispielsweise schon an, das Klickern in die Abgangssuche miteinzubinden. So kann zum Beispiel das Kommando „Such" weiter gefestigt werden oder das Einnehmen einer Grundhaltung, bevor es in den Abgang geht. Vorausgesetzt, dem Hund ist das Klicker-Training bereits bekannt, wird er sich durch das bekannte Belohnungs-Geräusch womöglich leichter merken, wann er richtig gehandelt hat, und so potenziell bestimmte Dinge schneller lernen und miteinander verknüpfen. Man könnte das Klickern ebenso gut auch beim Übergang des Abgangsdreiecks in die Fährte einbinden – oder auch, um das Anzeigen von Gegenständen einfacher beizubringen. Das könnte insofern vereinfacht werden, als man bereits von Beginn an das Handzeichen zum Ablegen mit dem Klickern unterstreichen könnte – und später dem Hund auch durch das Klickern hin und wieder noch vermitteln kann, dass er es richtig gemacht hat, wenn man sich als Hundehalter aus dem Sichtfeld fernhält und erst später neben ihn tritt.

Besonders nützlich könnte sich das Klicker-Training auch beim Futterabbau erweisen, da man dem Hund so auch ohne ständige Leckereien für das intensive Suchen vermitteln kann, dass er richtig vorgeht – oder auch für die Arbeit mit den Döschen, in denen Leckereien versteckt sind. Will man seinen Vierbeiner auch darin schulen, kann der Klicker sich durchaus als praktische Unterstützung erweisen.

Natürlich löst das Klickern nicht alle Probleme und es wird sicher nicht permanent funktionieren – noch dazu ist es weiterhin stark vom Futter abhängig. Immerhin ist es eher eine Überbrückung. Nutzen Sie dieses Klickersignal zu oft, ohne dass darauf eine angemessene Belohnung folgt, löscht sich die positive Assoziation auch wieder.

Was jedoch weniger stark vom Appetit Ihres Hundes abhängen könnte, wäre eine gewisse Involvierung in den Alltag. Falls Sie sich erinnern, wurde in einem früheren Kapitel bereits angesprochen, dass es häufig im Training für Hunde darum geht, dass man auch im Alltag Lernsituationen schafft und diese gezielt lenkt – und wenn man diesen Ansatz mit etwas Geduld und Köpfchen verfolgt, kann das auch für die Fährtenarbeit funktionieren, zumindest in gewissen Maßen.

Beispielsweise – wenn man denn einen eigenen Garten hat – könnte man auch dort gelegentlich spielerisch arbeiten. Das wird vermutlich nicht auf Ihre reguläre Fährtenarbeit hinauslaufen, aber Sie können immerhin die Nase Ihres Hundes gezielt versuchen, zu aktivieren.

Zum Beispiel könnten Sie den **Lieblingsball** oder einen **Futterbeutel** im Garten verstecken, nachdem Sie diesen Ihrem Hund gezeigt haben. Lassen Sie Ihren Hund am besten dann am jeweiligen Ort verweilen – ob per Kommando, mit der Leine oder auch kurzzeitig im Haus, wäre dabei Ihnen überlassen, und Sie müssten entscheiden, was am besten funktioniert. Es ist auch nicht weiter tragisch, wenn er dann erst einmal sieht, wohin Sie gehen – solange Sie dann kurz außer Sichtweite verschwinden und ohne das Objekt von Interesse wieder zurückkommen. Dann heißt es nur noch: Suchbefehl an den Hund und los geht's!

Mit diesem eher spielerischen Ansatz beschäftigen Sie Ihren Hund sicherlich eine ganze Weile – vorausgesetzt, er verliert nicht das Interesse oder die Konzentration und gibt auf. Der Schlüssel liegt wieder in der Steigerung der Schwierigkeit: Suchen Sie sich erst ein einfaches Versteck aus und machen Sie es dann immer schwieriger für Ihren Hund. Es ist auch mit Sicherheit eher eine Möglichkeit, das bereits sicher Erlernte in einer völlig anderen Situation abzurufen, und da Ihr Hund dann im Grunde zwar auch Ihre Fährte verfolgt, um das Objekt zu finden, aber eben nicht ständig und bei jedem Schritt belohnt wird, ist es sehr viel wahrscheinlicher, dass Ihr Hund nicht frustriert reagiert, wenn er das bereits gewohnt ist – das heißt, Sie stecken schon in der Phase des Futterabbaus oder haben per Klicker statt Leckerei gearbeitet.

Auf sehr kurzen Strecken dürfte es aber dennoch funktionieren und es ist eine gute Möglichkeit, Ihren Hund etwas zu beschäftigen, ohne zuvor eine Fährte gezielt vorzubereiten.

Eine andere Variante für die Arbeit auf der Fährte ist es auch, mal ganz **andere Gerüche** zu verwenden, die für den Hund interessant sein könnten, da er sie eher selten vor die Nase bekommt. Natürlich würde man dabei nicht über Dinge wie den menschlichen Geruch arbeiten, die für Hunde prinzipiell eigentlich eher uninteressant sind – wir gehören eben nicht zu seinem natürlichen Beuteschema.

Gerüche, die man aber in Erwägung ziehen könnte, wären beispielsweise Pansen oder Fisch. Diese würde man dann in Form eines Pulvers auf der Fährte verteilen oder Sie probieren einmal, ein besonders geruchsintensives Stück mehrfach über eine Stelle zu ziehen. Das Interesse der Spürnase wird so noch einmal anders als über lokal deponiertes Futter geweckt. Die Gerüche sind durchaus interessant für den Hund, da sie potenziell Futter bedeuten, und er wird geneigt sein, das genauer zu verfolgen – in der Hoffnung, dass beispielsweise ein Stück Pansen am Ende wartet. So kann man das ständige Füttern umgehen oder vermindern, aber es dem Hund dennoch schmackhaft machen, die Fährte genau zu verfolgen.

i Achtung, wenn es um das Suchtempo geht – da Ihr Hund dann nicht mehr von Futterstücken ausgebremst wird, könnte er tendenziell eher dazu neigen, sein Tempo zu steigern, wenn er wirklich nur dem reinen Geruch des Pulvers folgt.

Sicherlich gibt es noch weitere potenzielle Trainingsansätze, die man verfolgen oder ausprobieren könnte – vielleicht haben Sie sogar selbst einen Gedanken, den Sie gerne testen würden.

Und natürlich gibt es dann eben auch noch Methoden, die mit deutlicherer Einwirkung auf den Hund arbeiten, wie beispielsweise deutliche Korrekturen des Hundes, wenn er von der Fährte abweicht – wie sinnvoll diese aber für die meisten Hunde sind, um ihn ruhig und konzentriert auf jede einzelne Fährte treten zu lassen, ist fraglich und sollte jeder selbst beurteilen. Vergessen Sie aber eines nicht: Das Gedächtnis für negative Erfahrungen (ganz besonders das Schmerzgedächtnis, aber auch nicht-physische, negative Eindrücke) ist im Regelfall deutlich stärker ausgeprägt als das für positive Erinnerungen, beim Menschen ebenso wie beim Hund.

Das bedeutet: Sie können Ihren Hund 30-mal für eine Sache überschwänglich loben, aber wenn Sie ihn nur einmal dafür in irgendeiner Form strafen würden, wäre das für ihn vermutlich der bleibende Eindruck – und so manch eine schlechte Erfahrung zieht noch ungewünschte Konsequenzen mit sich. Es mag dramatisch klingen, aber im Grunde hat man immer nur eine Chance, die richtige Entscheidung zu treffen, die einen voranbringt, ohne gleichzeitig den falschen Eindruck bei Ihrem Vierbeiner zu hinterlassen.

Wenn Sie also einen ruhigen, aufgeschlossenen und selbstsicheren Hund haben wollen, der sich von Fehlern nicht sofort einschüchtern lässt, dann genießen Sie sämtliche Methoden, die mit Strafen irgendeiner Art einhergehen, lieber mit besonders viel Vorsicht – das kann nämlich auch ganz schnell nach hinten losgehen (oder sich auch von tierschutzrechtlicher Seite her auf einem sehr schmalen Grat bewegen) und dann haben Sie mit der Korrektur von einem Problem gleich zwei neue geschaffen.

GEDANKEN ZUM FORTGESCHRITTENEN TRAINING

Wie genau man „fortgeschrittenes Training" hier nun überhaupt definiert, liegt wohl ganz bei der Einzelperson. Das fortgeschrittene Training kann alles umfassen, was nach dem Futterabbau passiert oder sich mit Spezialfährten befasst – oder auch „nur" mit den Vorbereitungen für die höheren Prüfungen für Fährtenhunde.

Letzten Endes handelt es sich beim fortgeschrittenen Training per Definition aber schlichtweg um alles, was über die Grundausbildung hinausgeht – das bedeutet, alles, was Ihr Hund noch lernt, nachdem er das Prinzip des konzentrierten Ausarbeitens einer Fährte mit Winkeln, Bögen und geraden Schenkeln verinnerlicht hat, ist prinzipiell schon fortgeschrittenes Training. Je nachdem, wie Sie es betrachten möchten, kann das Finden und Anzeigen von Gegenständen auch entweder noch in die Grundausbildung oder bereits zu den fortgeschrittenen Abläufen gehören.

Fortgeschrittenes Training ist natürlich wünschenswert für Ihren Hund, um ihn weiterhin angemessen zu fordern und mit neuen Dingen zu konfrontieren, aber nötig ist es nicht zwingend, wenn Sie mit dem Lernen der Fährtenarbeit nur ein wenig Abwechslung in Ihren Wochenplan bringen und gelegentlich eine Fährte mit Ihrem Vierbeiner ausarbeiten möchten. Solange er die Basics beherrscht, spricht ja nichts dagegen, sich einfach ab und zu zum Vergnügen und Fit-Halten der Fähigkeiten eine Fährte vorzunehmen.

Wenn Sie allerdings lieber gezielt weiter trainieren möchten, dann wird es wohl Zeit, sich neue Dinge zu überlegen und sich selbst noch aktiver mit dem Thema zu beschäftigen. Das kann auch einfach bedeuten, einem Verein beizutreten, um vielleicht dort noch weitere Erfahrungen zu sammeln, die Sie und Ihren Hund weiterbringen könnten. In jedem Fall geht aber mit einem fortgeschrittenen Training einher, etwas mehr Struktur in den Trainingsplan zu bringen als zuvor.

Natürlich gibt es auch Ideen dafür, das Training insofern zu vertiefen, als man nicht mehr auf ständige Bestätigung dabei setzt und dass die Fährtensuche dennoch einwandfrei funktioniert. Einen Weg dahin werden wir Ihnen hier kurz näher darlegen, aber es sei direkt gesagt: Natürlich spielt hier ein gewisser Zwang mit in die Arbeit hinein und falsch gehändelt kann es ganz schnell eher zu Problemen als zum Erfolg führen. Dieser Zwang darf also nach diesem Vorgehen auch hier nicht mit aktiven Korrekturen oder körperlichen Eingriffen einhergehen – das würde nicht nur das Verhältnis zu Ihrem Hund nachträglich beschädigen, sondern ihm seine Motivation vermutlich nehmen und er würde nur lernen, dass er seine Arbeit auf der Fährte unterbrechen soll.

Genau das wollen Sie aber eben nicht erreichen – wenn es Probleme gibt, sollte Ihr Hund erst recht aktiv werden, statt seine Aufgabe aufzugeben. Wenn dieser Ansatz des fortgeschrittenen Trainings verfolgt wird, sollte Ihr Hund also die Grundausbildung auch mit dem Verständnis hinter sich gebracht haben, dass ein Abbruch aufgrund irgendwelcher Probleme wie äußerer Einflüsse nicht zur Debatte steht. Wichtig außerdem in diesem Fall: Es hat noch kein Futterabbau stattgefunden – heißt, Ihr Hund ist in diesem Szenario noch vollständig an eine Leckerei in jedem einzelnen Tritt gewöhnt.

Wenn man sich dann an diesen neuen Schritt wagt, werden auch die Fährten stark verändert. Es gibt lediglich noch einen Gegenstand am Ende der Fährte, die nun sehr simpel gehalten und in einfachem Gelände gelegt wird – sämtliche Futterstücke verschwinden von der Strecke.

Dann kommt der Zeitpunkt, an dem es auf die Fährte geht. Diese wird wie gewohnt abgesucht, aber Bestätigung erfährt Ihr Hund nicht mehr – nicht einmal, wenn der Gegenstand angezeigt wird. Der Hund wird nur noch von der Fährte geführt. Was damit erreicht werden soll? Ganz einfach: dass Ihr Hund eine Art „Arbeitsverweigerung“ aufgrund der

Nichtbestätigung durchläuft. Das kann bei jedem Hund unterschiedlich lange dauern, aber es wird früher oder später passieren.

Im ersten Augenblick klingt das nun sicher irreführend – immerhin wollen Sie ja weiterhin, dass Ihr Vierbeiner Fährten ausarbeitet, also warum diese Verweigerung erwirken? Auch das ist am Ende nicht besonders schwierig, zu verstehen: Sie wollen Ihrem Hund über diesen Schritt beibringen, dass er bestehende Probleme ohne großen Ärger lösen kann.

Dafür ist natürlich Ihre Geduld wieder einmal gefragt. Wenn es dann so weit ist und Ihr Hund verweigert das Ausarbeiten, beweisen Sie den größeren Sturkopf und warten Sie ab. Ihr Job ist es währenddessen nun einfach nur, mithilfe der Leine zu verhindern, dass Ihre Spürnase sich von der Fährte entfernt oder sich hinlegt und so in den Streik tritt. Ansonsten heißt es: Beobachten. Drängeln Sie nicht, sondern sitzen Sie das Ganze aus, bis Sie an der Reihe sind, zu reagieren.

Und wann ist es Zeit dafür? Zeigt Ihr Hund auch nur das geringste Interesse an der Fährte oder am Weitersuchen, loben Sie ihn (verbal!) oder greifen Sie auf den Klicker zurück, sollte Ihr Hund die Bestätigung durch Klickern bereits gewohnt sein. (Ihr verbales Lob sollte Ihrem Hund offensichtlich auch etwas wert sein, ansonsten wird der Fortschritt hier um einiges schwerer.) Über kurz oder lang wird Ihr Vierbeiner so verknüpfen, wofür er hier belohnt wird – und zwar für seine Aktivität; für seine Weiterarbeit. Das kann auch gut und gerne mal eine ganze Weile dauern, aber betrachten Sie es als Entspannungsübung für sich selbst, denn jeglicher, erzwingender Einfluss von Ihnen wird nicht zum gewünschten Ergebnis führen.

Wenn Sie durchhalten, wird Ihr Hund das Problem der Nichtbestätigung selbst bewältigen können und sich merken, dass er für seine Aktivität gelobt wird.

Das dank seines nun aktiven Verhaltens regelmäßige Lob wird ihn im Regelfall auch motivieren, sich auf der Fährte immer weiter voran zu arbeiten, und schon bald sollte er sein altes, konzentriertes Verhalten wieder an den Tag legen. Im Idealfall ist die Fährte nach diesem Erfolg auch nicht mehr allzu lang, so dass Ihr Vierbeiner das Erlebnis erst recht als positiv verbuchen kann. (Man kann hier auch etwas nachhelfen, falls man eine zweite Person als helfende Hand dabei hat, die den Endgegenstand weiter nach vorne legt, während der Hund noch sein Problem lösen muss.)

Nun können Sie auch wieder etwas Futter bereithalten – sobald der Gegenstand angezeigt wird, gibt es etwas zu knabbern zur Belohnung und die Fährte wird als beendet betrachtet.

Wie es nach diesem Erfolg weitergeht, liegt ganz am Hund. Es schadet nicht, noch ein paar Fährten dieser „neuen" Art zu durchlaufen, wenn man mit einer weiteren Verweigerung rechnet. Macht der Hund aber einen souveränen Eindruck und macht sich wieder an die Arbeit, als würde er noch bei jedem Tritt belohnt, dann kann man sich auch wieder regulären Fährten widmen – bedeutet, längere Fährten mit Winkeln, Bögen und auch mehreren Gegenständen.

Wie weit man dieses Training der Problemlösung vorantreibt, bleibt jedem selbst überlassen – natürlich kann man auch noch andere Probleme mit ins Repertoire aufnehmen (darunter beispielsweise anderes Gelände oder stärkere Einwirkung an der Leine) und auch hier wieder daran arbeiten, dass der Hund lernt: „Mit der Wiederaufnahme der Fährtenarbeit verschwindet auch das Problem und die Belohnung wartet am Gegenstand, also muss ich diesen finden" – aber ob das wirklich nötig ist, müssen Sie selbst entscheiden.

Wie bereits angedeutet, empfiehlt sich dieser Ausbildungsschritt auch nicht für jeden, denn sowohl Hund als auch Halter müssen die entsprechenden Qualitäten für ein erfolgreiches Training vorweisen. Das heißt: Der Hund muss wirklich dazu in der Lage sein, es auf diese Weise zu lernen, und der Halter darf seinen Vierbeiner niemals überfordern und nur *ein* lösbares Problem pro Fährte präsentieren.

Insgesamt gilt also: Überschätzung ist hier der erste und größte Feind und der zweite ist die inkorrekte und/oder inkonsequente Ausführung. Falls man sich also wirklich mit diesem Schritt befassen möchte, schadet es auf keinen Fall, sich jemanden ins Boot zu holen, der damit bereits Erfahrung hat, um die Wahrscheinlichkeit von Fehlern von vorneherein zu minimieren.

Probleme & Lösungen in der Fährtenarbeit

Es wäre natürlich utopisch, zu erwarten, dass immer alles einwandfrei läuft und keinerlei Probleme auftauchen werden. Jedes Lebewesen hat seine eigenen Stärken und Schwächen und wird deshalb individuelle Schwierigkeiten bei der Bewältigung der Aufgaben entwickeln. Die Frage ist jedoch: Wie gehen Sie richtig mit den schwierigen Situationen um, die möglicherweise auftreten könnten? Wie reagieren Sie am besten und was vermitteln Sie Ihrem Hund, um das Problem zu lösen – und es in Zukunft eventuell zu vermeiden, falls denn möglich?

Daher widmen wir uns nun genau diesen Dingen etwas genauer und nehmen einige mögliche Probleme und deren Lösungen genauer unter die Lupe.

Einige Aussagen werden Ihnen vermutlich aus vorherigen Kapiteln verdächtig bekannt vorkommen, aber natürlich werden wir hier noch etwas gezielter auf Problemquellen eingehen als zuvor, wo diese häufig eher oberflächlich angeschnitten wurden.

Prinzipiell lassen sich die einzelnen Problemsituationen bei der Fährtenarbeit in drei Teilbereiche aufsplitten, mit denen wir Sie nun noch einmal genauer bekannt machen möchten. Zuerst wäre da die Kommunikation zwischen Hund und Halter, dann das Setting der Sucharbeit und abschließend generelle äußere Einflüsse. Damit liegt ein ganzes Füllhorn an möglichen Problemen vor Ihnen und nun gilt es, ebendiese zu verstehen und zu lösen.

KOMMUNIKATION ZWISCHEN MENSCH & HUND

Potenziell gibt es hier eine schier endlose Liste an Problemen, wenn man nicht alles etwas mehr unter einen Hut steckt, als man vermutlich sollte. Das Grundproblem steckt hier allerdings bereits im Abschnittstitel: Die Kommunikation zwischen Ihnen und Ihrem Hund stimmt nicht. Aber woran kann das liegen?

Sie sprechen nicht die gleiche Sprache

Das klingt jetzt mit Sicherheit erst einmal völlig banal und offensichtlich – selbstverständlich sprechen Sie nicht die gleiche Sprache. Sie sind immerhin ein Mensch und Ihr Hund ist eben genau das, ein Hund.

Aber denken Sie einmal zurück an das, was zu einem früheren Zeitpunkt in diesem Buch bereits erklärt wurde:

Sie als Mensch haben eine völlig andere Art zu kommunizieren als Ihr Vierbeiner. Menschen sind es gewohnt, sich primär verbal zu verständigen – wir unterhalten uns, wir sprechen das aus, was wir vom Gegenüber möchten.

Hunde dagegen geben nur verbale Signale, um sich über weite Strecken zu verständigen oder um einem bestimmten Gefühl Nachdruck zu verleihen (beispielsweise Winseln, wenn sie Angst haben oder Schmerzen verspüren). Ihre Kommunikation verläuft im Gegensatz zu unserer primär über Ihre Körpersprache. Sich mit wedelndem Schwanz deutlich nach hinten zu lehnen, ist eine Aufforderung zum Spielen; ein eingeklemmter Schwanz und ein gesenkter Kopf sind Zeichen von Angst und Unwohlsein.

Die Sprache des jeweils anderen will gelernt sein. Und da Sie von Ihrem Hund etwas einfordern möchten und als Mensch auch schlichtweg eher die kognitiven Kapazitäten dafür besitzen, sich die Sprache Ihres Vierbeiners anzueignen, als er umgekehrt dazu in der Lage wäre, Ihre zu lernen, liegt genau da auch Ihre Verantwortung und sowohl die Lösung des Problems als auch das Problem selbst.

Ihr Hund wird tendenziell eher auf Ihre Körpersprache reagieren als darauf, dass Sie ihm gegenüber einen Monolog darüber halten, was er zu tun hat. Niemand wird Sie davon abhalten wollen, viel mit Ihrem Hund zu reden – im Gegenteil: Ein gewisses Maß an Sprechen mit Ihrem Hund ist gut und auch förderlich für die Beziehung, weil Ihr Hund merkt, dass Sie in Gedanken bei ihm sind. Allerdings kann es auch schnell zu viel für die Fellnase werden, weil sie ununterbrochen in Ihrem Redeschwall nach Kommandos oder Ausdrücken sucht, die sie kennt – das kann sehr anstrengend für sie sein. Sie sollten sich also nicht in dem Glauben befinden, dass Ihr Vierbeiner Sie auch tatsächlich vollkommen versteht. Er filtert in solchen Situationen nur das heraus, was er bereits dem Klang nach kennt.

Hunde verstehen unsere Sprache nicht. Worauf sie bei unseren verbalen Signalen reagieren, sind die Betonung, die Aussprache und die Länge der Worte. Sie ziehen daraus ihre Informationen. Sie könnten also Ihrem Hund mit lauter, harter Stimme sagen (oder entgegenschreien), dass Sie ihn schrecklich liebhaben, und er würde es als Strafe auffassen, da der Ton für ihn eben nicht vermittelt „Du bist total cool“, sondern „Du hast Mist gebaut“.

Daher ist es auch immer ausnahmslos wichtig, Signale konsequent gleich zu geben, um Ihren Vierbeiner zu unterstützen und nicht unnötig zu verwirren. Versuchen Sie also, Ihre Stimmlage und die Sprechmelodie ebenfalls als eine Ebene der Kommunikation zu begreifen. Geben Sie ein Kommando möglichst immer im gleichen subverbalen Laut und verändern Sie die Stimme nur, wenn Sie wirklich strenger werden müssen.

Wenn Sie das verinnerlicht haben, geht es weiter mit dem anderen Kernproblem der unterschiedlichen Sprache: die Körpersprache. Da Sie beide unterschiedlich mit Ihren Körpern kommunizieren, kommt es an dieser Stelle schnell zu Missverständnissen – und wenn es nur daran liegt, dass Ihre Körpersprache nicht selbstsicher genug ist und Ihr Hund Sie nicht ernst nehmen möchte.

Fakt ist, Ihr Hund wird Ihre Körpersprache beobachten und nach seinen Erfahrungen einschätzen. Selbstverständlich kann das schnell schiefgehen, daher gilt für Sie als Rudelführer: Seien Sie sich Ihres Körpers sehr bewusst.

Gerade, wenn man noch gezielt lernen muss, die eigene Haltung zu korrigieren und zu verbessern, erfordert das auch etwas Geduld, aber früher oder später wird Ihnen das in Fleisch und Blut übergehen. Wichtig ist, dass Sie die Schuld hier eben nicht einfach darauf abwälzen, dass der Hund Sie falsch verstanden hat, und nur Besserung von ihm erwarten – Sie sind ein Team und der Fehler kann genauso gut auch von Ihnen ausgehen. Lassen Sie sich hier ruhig einmal Ihr Verhalten kritisch von einer dritten Person spiegeln. Sie kann Ihnen im Zweifelsfall besser sagen, wie eine bestimmte Geste von außen wirkt oder ob Sie selbstsicher oder doch eher wenig souverän wirken.

Ihr Vierbeiner ist nicht der Einzige, der hier an sich arbeiten muss – Sie müssen das genauso! Grundsätzlich ist die wichtigste Regel in der Körpersprache: Hunde kommunizieren untereinander viel darüber, indem sie Platz für sich einfordern. Es geht nicht darum, wie groß oder stark der Einzelne objektiv betrachtet ist, sondern eher darum, wie souverän er

Raum einfordern kann. Dies geschieht meist nicht darüber, dass er sich diesen in einem Faustkampf erstreitet, sondern eher durch Präsenz und durch das Zurückweichen des anderen. Nutzen Sie das: Fordern Sie beispielsweise Raum ein, wenn Ihr Hund sich an einen Ort begibt, an dem Sie ihn nicht haben wollen. Machen Sie einfach einen selbstbewussten Schritt auf ihn zu, machen Sie sich groß. Machen Sie das mit genügend Ausstrahlung, wird jeder Hund hier zurückweichen und Ihnen Ihren Platz überlassen.

Ein kleiner Tipp, der in diesem Zusammenhang schon dem Einen oder Anderen geholfen hat: tief durchatmen, Schultern einmal zurückrollen, Rücken gerade und Brust raus. Ein fester Stand wird Ihre Ausstrahlung positiv verändern und wenn Ihr tierischer Partner sieht, dass Sie den Aufgaben nicht mit eingezogenem Kopf und hängenden Schultern entgegentreten, wird ihm das vermitteln, dass Sie bereit sind, sich einer neuen Aufgabe zu stellen und dass die Dinge jetzt angepackt werden. Als sein Rudelführer wird das Ihren Hund direkt etwas motivieren und er wird sie ernster nehmen. Und wenn Sie das oft genug machen, wird es schnell zur Gewohnheit.

Ansonsten ist es natürlich auch besonders wichtig, dass Sie selbst sich die Zeit nehmen, sich gezielt mit der Körpersprache Ihres Hundes auseinanderzusetzen. Lesen Sie Bücher, Zeitungsartikel oder Blogeinträge, die sich damit befassen, schauen Sie Videos oder Dokumentationen. Machen Sie Blickschulungen und beobachten Sie Ihren eigenen Hund im Training und auf Spaziergängen. Je besser Sie über die Körpersprache von Hunden Bescheid wissen, desto leichter wird es auch, Ihren Hund in einzelnen Situationen zu verstehen und das Problem zu bestimmen und dementsprechend dann auch zu lösen. Nach einiger Beobachtungszeit werden Sie schnell erkennen können, worauf Ihr Hund gerade reagiert: Sie werden schon sagen können, ob das, was seine Aufmerksamkeit erregt, ein Hase, ein Mensch oder ein anderer Hund ist – lange bevor Sie selbst sehen können, was er da ansieht.

Die Sprache des jeweils anderen perfekt zu sprechen, ist bis dato nicht möglich, aber mit jeder Menge Zeit und Willenskraft kann man schon einige Brücken bauen. Und das sollte das Ziel des Ganzen sein.

Anweisungen sind nicht klar oder widersprüchlich

Manchmal liegt das Problem auch gar nicht darin, dass Sie einander falsch deuten oder verstehen, zumindest nicht direkt. Es kann durchaus auch einfach passieren, dass Sie das falsche Signal geben – oder dass Ihr verbales Kommando das eine aussagt, Ihre Körpersprache aber etwas völlig anderes. (Deshalb ist es, wie gesagt, oft sinnvoll, sein Verhalten von einer dritten Person ab und zu beurteilen zu lassen und sich die Kritik zu Herzen zu nehmen.) Das resultiert natürlich darin, dass Ihr Hund nicht mehr weiß, worauf er nun wie reagieren soll. Genau deswegen ist es auch so wichtig, Forderungen an Ihren Vierbeiner immer auf die gleiche Art und Weise zu stellen. So verknüpft er von vornherein beispielsweise Ton und Länge eines Kommandos mit einer bestimmten Aktion – ebenso wie dann auch mit Handzeichen oder eben mit Ihrer Körpersprache.

Dementsprechend ist es dann aber auch wichtig, dass Sie es immer so beibehalten. Natürlich werden Sie es jedes Mal ein kleines bisschen anders vermitteln, das lässt sich nicht vermeiden – aber um Ihren Hund zu unterstützen, sollte der Unterschied möglichst klein gehalten werden.

Es kann selbstverständlich auch sein, dass Sie schlichtweg im Affekt das Falsche kommunizieren. Das kann mal der Fall sein, weil Sie angespannt oder aus irgendwelchen Gründen nicht richtig bei der Sache sind, ist aber auch kein Beinbruch. Nehmen Sie sich einfach einen Augenblick zum Sammeln und Durchatmen, wenn Sie das bemerken, und versuchen Sie es noch einmal.

Es kann immer mal passieren, dass man sich bei verbalen Signalen in den Bart nuschelt oder dass man bei den visuellen Zeichen nicht deutlich genug ist. Das ist aber halb so wild, solange man genügend Geduld mitbringt und es noch einmal versucht – aber dieses Mal klar und deutlich.

(Zur Not auch mal etwas übertrieben – in Anfangszeiten kann das sogar ganz hilfreich bei der Festigung sein.)

Noch unbekannte Forderungen

Dieser Punkt ist eigentlich mehr oder weniger selbsterklärend: Gerade zu Beginn der Fährtenarbeit kann Ihr Hund noch gar nicht wissen, was Sie eigentlich von ihm möchten, daher ist Fehlkommunikation hier auch keine Schande. Einige Zeichen und Kommandos hat er vielleicht einfach noch nicht verstanden oder sie sind ihm zuvor noch nicht begegnet – manchmal vielleicht auch einfach, weil Sie selbst vergessen haben, diese im Speziellen vorher anzuführen.

Die Lösung dieses Problems liegt daher auch auf der Hand: Üben, üben, üben – gezieltes Erarbeiten und Wiederholen, bis Ihr Vierbeiner die Punkte verknüpft und bei der ersten Bitte begeistert loslegt, und vor allem: Geduld!

Verpasste Signale

Nicht immer ist auch die Kommunikation per se das Problem. Es kommt durchaus auch mal vor, dass beispielsweise ein völlig übermotivierter, junger Hund so enthusiastisch an die Aufgabe herangehen möchte, dass er Ihr Kommando überhört oder übersieht. Das tut er in der Regel nicht aus bösem Willen oder um Sie zu provozieren, sondern schlichtweg, weil sein Gehirn in dieser aufregenden Situation nicht aufnahmefähig ist. In diesem Fall heißt das Schlüsselwort: Impulskontrolle!

In der Fährtenarbeit kann das zum Beispiel schon auf dem Weg zum Abgang der Fall sein, wenn Ihre Spürnase das Prozedere schon einige Male durchlaufen hat und beim Anblick des kleinen Schildes oder Stocks am Abgang bereits losstürmen und suchen möchte. Im Regelfall ist das auch die Phase, in der Sie die Grundstellung verlangen, um etwas Ruhe zu schaffen – aber eventuell verpasst Ihr Hund das Signal auch einfach mal, wenn ihm die Grundstellung nicht auch schon in Fleisch und Blut übergegangen ist.

Da Sie selbstverständlich nicht wollen, dass er im wahrsten Sinne des Wortes der Nase nach davon stürmt und wie ein aufgekratztes Energiebündel durch den Abgang wuselt, bewahren Sie selbst Ruhe und beharren Sie sanft, aber bestimmt darauf, dass er die Grundstellung einnimmt. Wiederholen Sie die gewohnten Signale ruhig einige Male, bis sie wirklich zu Ihrem Hund durchdringen. Er soll immerhin lernen, konzentriert und ruhig an die Arbeit zu gehen – sonst ist ein verpasstes Signal bald noch Ihr geringstes Problem.

Offensichtlich ist das nicht der einzige Moment, in dem Aufforderungen potenziell verpasst werden könnten, auch wenn es generell in der Fährtenarbeit nicht so viele verbale und Handzeichen gibt wie in anderen Hundesportarten, da Ihr Hund eben völlig selbstständig arbeiten soll.

Es ist auch nicht gegeben, dass Ihr Hund derjenige ist, der etwas verpasst: Ihnen können auch wichtige Dinge entgehen. Zum Beispiel kann es vorkommen, dass Sie selbst in Gedanken sind und nicht mitbekommen, dass Ihr Hund einen Gegenstand überlaufen hat. Das ist in diesem Moment dann erst einmal nicht zu ändern, denn ein Zurück gibt es in einer Prüfungssituation beispielsweise nicht, weswegen Sie ihn auch im Training nicht plötzlich ausbremsen und zurückschicken sollten – wenn er nur einen oder zwei Schritte weitergelaufen ist, können Sie ihn noch durch Spannung auf der Leine ausbremsen und so auffordern, noch einmal genauer nachzusehen, aber ansonsten ist die Chance verpasst und es gibt kein Zurück mehr. Das alles ist aber halb so wild, egal, wer nun einen kurzen Moment nicht auf wen geachtet hat.

Wenn Sie also beispielsweise gerade dabei sind, Ihrem Hund das Anzeigen eines Gegenstandes beizubringen, und er verpasst Ihr Handzeichen zum Ablegen – nicht verzagen und einfach noch einmal probieren. Es wird weder das erste noch das letzte Mal bleiben, dass einer von Ihnen irgendetwas verpasst. Solange es nicht permanent passiert und eine der Parteien auf Dauer mit Frustration reagiert, ist alles in Ordnung.

DAS FÄHRTENSETTING

Die Kommunikation ist allerdings bei Weitem nicht die einzige große Problemquelle. Akute Probleme können nämlich auch vom Fährtensetting herrühren – sei es nun so etwas Simples wie eine zu kurze Liegezeit (was nicht unbedingt ein Problem ist, aber dennoch in diese Kategorie fällt) oder das falsche Futter. Betrachten wir dafür nun das Setting Schritt für Schritt, angefangen mit dem Untergrund.

Problemquelle Untergrund

Dabei handelt es sich vielleicht um eines der offensichtlichsten Probleme und auch um eines von denen, die man am einfachsten lösen oder gänzlich vermeiden kann.

Wenn Sie sich erinnern, wurde Ihnen früher in diesem Buch besonders Acker, Wiesen und Waldböden als geeigneter Untergrund angepriesen – und das eben aus gutem Grund. Diese Böden eignen sich am besten dafür, eine Fährte zu legen, die sich auch für den Hund und seine Nase gut erkennbar lange hält. Dabei spielt unter anderem eine Rolle, dass an diesen Untergründen Duftmoleküle besonders gut haften bleiben können, dass sie nicht so störungsanfällig sind für fremde Fährten, aber auch, dass Hunde sich insgesamt auf diesem Untergrund deutlich wohler fühlen als auf Asphalt. Auch Feuchtigkeit und Lockerheit des Bodens spielen eine Rolle.

Wenn Ihr Hund Probleme hat, sich auf der Fährte zu halten, dann ist womöglich der Untergrund entweder der falsche oder noch zu schwierig für ihn. Das kann ganz besonders der Fall sein, wenn es zum Beispiel zuvor geregnet hat und andere Gerüche die Fährte überlagern oder wenn der Boden gefroren ist. Das heißt nicht, dass Sie solche Böden direkt für alle Zeit aufgeben müssen – es bedeutet lediglich, dass Ihr Hund im Augenblick noch nicht völlig dafür bereit ist und ein Tapetenwechsel auf einen leichteren Untergrund hermuss, bis Ihr Vierbeiner genügend Erfahrung gesammelt hat und der Herausforderung gewachsen ist.

Fremde Gerüche

Es sorgt immer für besondere Ablenkung, wenn fremde Gerüche die Fährte kreuzen – sei es nun wetterbedingt, weil andere Gerüche herübergeweht wurden, es geregnet hat oder weil Sie eine Fährte im Wald vorbereitet haben und während des Abwartens der Liegezeit Wild über die Fährte gelaufen ist.

Hunde finden selbstverständlich neue Gerüche spannender als den alten eines (/ihres eigenen) Menschen. Das liegt einfach in ihrer Natur als Raubtiere und Jäger. Eine frischere Fährte verspricht ihnen im Normalfall bessere Chancen auf Nahrung als eine abgestandene. Es ist daher auch absolut nicht selten, dass besonders Neuzugänge in der Fährtenarbeit sich davon noch sehr leicht ablenken lassen – sie müssen erst noch lernen, dass die menschliche Fährte hier für sie interessanter (und vor allem vielversprechender auf eine Belohnung) ist.

Prinzipiell lernen die Vierbeiner natürlich während des Trainings, das miteinander zu verknüpfen, aber wenn sie dann mit ihrer Nase auf frischere Gerüche stoßen, wird erst so richtig auf die Probe gestellt, ob sie es bereits verstanden haben.

Sollte es dazu kommen, dass Ihr Hund versucht, die Fährte zu verlassen, um sich scheinbar einem anderen Geruch zu widmen, bringen Sie einfach nur die Leine auf Spannung, so dass er nicht weiter vorankommt. Wie in vorherigen Kapiteln bereits angemerkt: Machen Sie ihm keinen Druck und lassen Sie ihn sich von selbst zurückorientieren. So wird Ihr Vierbeiner am ehesten lernen, dass er sich nicht davon abbringen lassen soll, der menschlichen Fährte zu folgen, da diese für ihn durch die Belohnungen aktuell attraktiver ist.

Das falsche Futter

Das klingt jetzt vielleicht erst einmal etwas banal, aber auch das falsche Futter kann zu Problemen führen. Ist es beispielsweise zu groß, dann wird Ihr Hund sich irgendwann eher auf seine Augen verlassen, obwohl er seiner Natur nach eher mit der Nase „sieht". Ist das Futter zu geruchsintensiv, wird es die Fährte übertünchen oder Ihr Vierbeiner wird sich nicht auf den Geruch der menschlich angelegten Fährte konzentrieren, sondern lediglich auf den Geruch des Futters. Fehlt dann also nach dem Futterabbau dieser Aspekt, sinkt auch das Interesse an der Fährtenarbeit vermutlich – nicht zu vergessen, dass zu großes oder geruchsintensives Futter auch dazu führen könnte, dass Ihr Hund die Fährte sehr viel schneller und weniger gründlich ausarbeitet als von ihm erwartet. Das Problem lässt sich auf verschiedene Art und Weise lösen.

Eine Option wäre ein Wechsel des Fährtenfutters zu einem geruchsneutraleren, kleineren Futter. Das kann beispielsweise einfach Trockenfutter sein oder eine Leckerei, die man in ihrer Größe einfach durch Reißen oder Brechen anpassen kann.

Falls Sie langfristig aber nicht auf das Lieblingsleckerli Ihres Vierbeiners verzichten wollen, um ihn zu motivieren, gibt es auch noch die Option, auf die „Döschenarbeit" zurückzugreifen. Wenn Sie sich zurückerinnern – oder noch einmal zurückblättern zum „Futterabbau" –, nutzt man dieses Vorgehen, um geruchsintensivere Futtersorten auf der Fährte sicher unterzubringen, ohne dass Ihr Hund sie schon frühzeitig wahrnimmt. Dafür kann man beispielsweise alte Filmdosen nutzen oder spezielle Fährtendöschen. So müssen Sie nicht unbedingt darauf verzichten, auch das auffälligere Futter zu nutzen.

Häufige Fehler

Natürlich gibt es rund um das Fährtensetting noch andere kleine und große Probleme oder häufige Fehler, die gerade Anfänger noch eher machen. Die Probleme, die hier nun angeführt werden, liegen völlig in der Hand des Fährtenlegers – also überwiegend in Ihrer.

Ein häufiger Fehler, den unerfahrene Fährtenleger machen, ist, den Vierbeiner zu überfordern. Das kann entweder passieren, indem man zu schnell die Fährte verändert – wir erinnern uns an die Umstellung von ein- auf zweispurig – oder auch, indem man die Fährte zu schnell ausdehnt und verlängert. Der Hund ist doch so motiviert dabei, der schafft das schon!

Ja, vermutlich wird er das (zumindest, wenn es nur um die Länge der Strecke geht) und auch nicht jedem wird direkt die Lust an der Arbeit vergehen. Aber mit einigen Hunden kann das durchaus passieren, wenn ihnen die Strecke plötzlich zu lang wird oder wenn sie zu oft die Fährte verlieren. Solche Erfahrungen können frustrierend und demotivierend für Ihren Hund sein – lassen Sie sich also ruhig jede Menge Zeit. Wiederholen Sie bestimmte Streckenlängen und Schrittabstände lieber einmal mehr, als sie ruckartig deutlich zu steigern, damit Ihr tierischer Freund auch gerne am Ball bleibt und sich in die Arbeit so richtig reinhängt. Und es ist auch keine Schande, noch einmal einen Schritt zurückzugehen: Training und Lernen können nicht immer einer linear ansteigenden Kurve gleichen. Kleinere und größere Rückschritte sind vollkommen normal und kein Grund zum Aufgeben! Gehen Sie das Ganze Schritt für Schritt an und Sie werden selbst merken, wie souverän Ihr Hund jede kleine Steigerung meistert.

Ein weiterer häufiger Fehler, der oft bei neuen Fährtenlegern beobachtet wird, die mit Ihrem Hund auf Eigenfährten arbeiten, ist die unpraktische Position von Start- und Endpunkt auf der Fährte.

Prinzipiell gilt dabei nämlich: Sie sollten nicht zu nah beieinander liegen. Das könnte Ihren Vierbeiner wirklich verwirren und gerade bei Neueinsteigern ist es eher kontraproduktiv, wenn er kurz vor Schluss wieder den Geruch vom Anfangspunkt auffängt und nicht mehr weiß, wohin er sich nun orientieren soll.

Gerade wenn man allein ist, möchte man natürlich nicht unbedingt so weite Strecken von A nach B haben und legt dann gerne einmal eine Fährte, die mehr oder weniger im Kreis verläuft. Da spricht an sich ja auch nichts dagegen – solange A und B trotzdem noch eine deutliche Distanz zwischen sich haben. Ist das nicht der Fall, sorgt das nur für unnötige Verwirrung bei Ihrem Vierbeiner.

ÄUẞERE EINFLÜSSE

Den letzten großen Teilbereich stellen die Einflüsse dar, die von außen auf den Hund wirken. Das können sowohl Sie selbst sein als auch die Umgebung. Nicht alle davon sind vermeidbar und gezielt lösbar, aber sich ihrer bewusst zu sein, kann bereits etwas Abhilfe schaffen, da man darauf vorbereitet ist.

Wetterverhältnisse

Das Wetter ist natürlich bei der Fährtenarbeit jederzeit Ihr bester Freund, aber gleichzeitig auch Ihr ärgster Feind. Es kann Fährten deutlich schwieriger gestalten, was Sie an manchen Tagen sehr freuen und an anderen ganz besonders ärgern wird. Bei kälteren Temperaturen hält sich zwar der Geruch länger, aber bei Bodenfrost ist der Boden deutlich schwieriger zu verletzen.

Bei Regen lässt sich hervorragend eine Bodenverletzung vornehmen – aber mal ganz abgesehen davon, dass Sie sich dabei auch mal auf ein Schlammbad einstellen können, werden Gerüche schneller weggewaschen oder von anderen intensiven Gerüchen überlagert. Wind verwischt Ihre Fährte, Schnee bietet noch einmal eine Herausforderung der anderen Art.

Sie haben leider keinen Einfluss auf das Wetter und gelegentlich wird man auch einfach unglücklich überrascht – aber Sie können Ihr Training auf jeden Fall an die Umstände anpassen. Sie können Streckenlängen und Untergründe noch gezielter variieren, wenn Sie Ihre nächsten Fährten planen oder auch einmal von vornherein das Training einfach verschieben, wenn Sie wirklich gar keine Lust haben, sich in einen Regenschauer hinauszuwagen.

Es gibt zwar keine aktive Lösung für ein Problem, das sich nun einmal unserer Macht entzieht, aber zu Anpassungen ist man doch fast immer fähig.

Abenteuer Umgebung

Nichts ist saftiger als das Gras im Nachbargarten – Sie kennen das Problem sicher. Jeder Hund lässt sich gelegentlich mal ablenken, aber gerade bei jüngeren Spürnasen ist das Interesse an der Umgebung noch riesig und die eigentliche Aufgabe fällt gerne einmal unter den Tisch. Aus den Augen, aus dem Sinn könnte man manchmal wirklich sagen.

Für den Anfang ist es daher für die Konzentration Ihres Hundes am einfachsten, wenn Sie die Umgebungsreize so gut wie möglich reduzieren. Falls vorhanden, kann der eigene Garten schon des Rätsels Lösung sein. Diese Umgebung sieht Ihre Fellnase jeden Tag und die Versuchung, eine neue Welt zu erkunden, ist geringer. Je weniger Ablenkung besteht, desto eher wird sich auch wieder auf die Aufgabe konzentriert. In einer reizarmen Umgebung zu arbeiten, ist für den Anfang wirklich am sinnvollsten, damit wenig Grund zum Unterbrechen der Sucharbeit besteht.

Früher oder später kommt man natürlich aber in die Verlegenheit, dass man sich in die große, weite Welt hinauswagen muss, um das Training weiter fortzuführen – und da gibt es so viele spannende Dinge!

Traktoren, Autos, Fußgänger, andere Hunde, Katzen, Vögel, Insekten, Wild... und interessante Objekte, die irgendjemand verloren hat. Wie soll man sich da denn schon auf eine Fährte konzentrieren? Ganz stumpf gesagt, ist das für jeden Hund reine Übungs- und Geduldssache und kein Grund zum vorzeitigen Verzweifeln Ihrerseits.

Häufig ist es nicht einmal den Aufwand wert, den Hund aktiv davon fernzuhalten oder wegzuzerren. Lassen Sie ihn nicht nachsehen gehen, sondern behalten Sie die Leine auf Spannung, sodass er an Ort und Stelle bleiben muss, und lassen Sie ihn die Situation aus der Entfernung beobachten. Die meisten Hunde finden es dann auf Dauer doch nicht spannend genug, um sich nicht wieder auf die Fährte und das Futter zu ihren Füßen zu konzentrieren, und fahren einfach mit ihrer Aufgabe fort. In dem Moment ist ein Lob dann natürlich auch angebracht. Solange Ihr Hund nicht deutliche Angst zeigt und flüchten möchte, sitzen Sie die Situation aus und warten ab.

Sollte er Angst vor etwas zeigen, dann bleiben Sie ruhig und gehen Sie zur Not auch etwas auf Abstand. Belohnen Sie Ihren Hund, wenn er sich wieder etwas entspannt. Es ist in solchen Momenten auch besonders wichtig, dass Ihr Vierbeiner das Training mit einem positiven Erlebnis beendet. Das kann dann auch schon einfach eine Wiederaufnahme der Arbeit sein, die Sie ausgiebig belohnen sollten, um ihn in seinem Verhalten zu bestärken.

Der Hundeführer

Ganz genau – auch Sie zählen in gewissem Maße als äußerer Einfluss und Problemquelle. Das kann der Fall sein, wenn Sie an der Leine rucken oder ziehen oder nebenbei einen Anruf erhalten, den Sie annehmen – oder auch nur etwas so Simples wie das unabsichtliche Fallenlassen eines Objektes.

Gerade erfahrene Hunde lassen sich von solchen Dingen eher selten aus der Fassung bringen und setzen Ihre Arbeit tendenziell eher fort, als sich ernsthaft nach Ihnen umzusehen, aber unerfahrene oder auch einfach nur unsichere Hunde neigen dazu, sich davon auch mal aus dem Tritt bringen zu lassen und ihre Konzentration zu verlieren. Im schlimmsten Fall unterbrechen sie sogar die Ausarbeitung der Fährte und verlieren sie dann als Konsequenz auch noch.

Es spricht nichts dagegen, mal kurz einen Blick auf das Smartphone zu werfen, und es kann immer einmal etwas herunterfallen oder Sie ziehen unabsichtlich an der Leine – aber prinzipiell sollten Sie mental so bei Ihrem Hund sein, dass solche Fehler nicht passieren, um ihn nicht unnötig abzulenken.

Es ist am Ende auch einfach wesentlich respektvoller Ihrem Hund gegenüber, wenn Sie ihm die volle Aufmerksamkeit zukommen lassen und sich nicht noch mit anderen Dingen nebenbei beschäftigen.

In späteren Stadien, wenn es an die Detailarbeit in der Fährtenarbeit geht, können solche Ablenkungen im Gegenzug aber sogar gewollt und absichtlich herbeigeführt werden – es ist völlig abhängig vom Trainingsstand Ihres Hundes, wie er damit umgehen kann. Ob und wie er die Situation meistert, liegt nämlich unter anderem auch daran, wie gut seine Impulskontrolle bis dahin trainiert wurde.

Impulskontrolle?

Wenn etwas die Aufmerksamkeit Ihres Hundes gewinnt, gibt es für ihn generell zwei Möglichkeiten, darauf zu reagieren: Entweder er folgt seinem Impuls und reagiert seinen bisherigen Erfahrungen und genetischen Veranlagungen entsprechend oder er folgt den Anweisungen seiner Bezugsperson und ignoriert somit seine natürlichen Instinkte.

Manchmal liegen beide Möglichkeiten sehr nah beieinander und häufig ist das richtige Verhalten stark von der Situation abhängig. Eine gute Impulskontrolle bedeutet nicht einfach nur „Mein Hund geht erst an sein Futter, wenn ich ihm das Signal gebe“, sondern viel mehr „Mein Hund widersteht dem Drang, Dingen oder Lebewesen nachzujagen“.

Gerade bei jungen Hunden tritt das Problem tendenziell häufiger auf, dass die Impulskontrolle noch längst nicht so gefestigt ist, wie sie es sein müsste, um ein einwandfreies Training zu gewährleisten.

An diesem Problem kann man aber hervorragend arbeiten – denn Impulskontrolle kann trainiert und gefördert werden, sowohl beim täglichen Spaziergang als auch in den eigenen vier Wänden.

Eine erste einfache Übung ist die Kontrolle über das Verlangen nach einer besonderen Leckerei – das kann man einfach über die Fütterung aus der Hand trainieren: Leckerli in eine Hand, dem Hund zeigen und geduldig sein. Versucht der Vierbeiner, die Hand gewaltsam oder sonst auf irgendeine Weise zu öffnen, bekommt er das gewohnte Abbruchsignal zu hören. Wenn der Hund irgendwann kurz innehält, wegschaut oder auch nur das unerwünschte Verhalten unterlässt, wird er mit der geöffneten Hand und einem verbalen Lob belohnt. Nach einigen Malen sollte Ihr Hund das Prinzip verstanden haben – dann gibt es die Leckerei nur noch, wenn er Sie anschaut (vielleicht auch erst einmal nur zufällig). Ist auch das geschafft und der Fokus liegt auf Ihnen, wird die Schwierigkeit gesteigert und die Hand langsam geöffnet – wird er „rückfällig", schließt sich die Hand wieder; bleibt er stark und beobachtet Sie, wird er belohnt.

Eine zweite Übung findet an der Leine statt und erinnert entfernt an die Fährtenarbeit: Unter einigen Pylonen werden Leckereien versteckt. Ihr Vierbeiner wittert die im Zickzack aufgestellte Belohnung also noch, kommt aber auch nicht sofort heran. Wenn Sie nun gemeinsam um die Pylonen laufen, heißt es aufgepasst. Im Idealfall ist es Ihrem Hund von vornherein egal, was dort unter den Pylonen liegt, und er konzentriert sich völlig auf Sie – aber es ist deutlich wahrscheinlicher, dass er sein Glück probieren möchte. Das müssen Sie frühzeitig erkennen und mit einem deutlichen Abbruchsignal darauf reagieren. Ziel ist, dass Ihr Vierbeiner sich daraufhin wieder auf Sie fokussiert. Diese Übung kann man im Laufe der Zeit natürlich auch schwieriger gestalten und beispielsweise offen zugängliches Futter nutzen.

Bieten Sie ihm auch eine attraktive Belohnung, wenn er sich auf Sie konzentriert – zum Beispiel sein Leckerli oder eine Runde Tauziehen. Eine attraktive Belohnung macht das Erlernen der Impulskontrolle direkt einfacher – so lernt Ihr Hund, dass es auch seine Vorteile haben kann, seinem ursprünglichen Impuls zu widerstehen.

Ziel der Impulskontrolle ist nicht, dass Ihr Hund sich merkt, dass er nur kurz abwarten muss, ehe er die Belohnung bekommt; daher ist es in der zweiten Übung auch nicht ratsam, ihn anschließend das Futter unter den Pylonen fressen zu lassen. Es geht eher darum, dass ein deutliches Nein auch für Ihren Vierbeiner wirklich Nein bedeutet, ohne Kompromisse.

Bonus: Der systematische Fährtentrainingsplan

Einen Plan zu haben, zahlt sich in jedem Training früher oder später aus. Häufig hilft es, wenn man sich von vornherein bestimmte Tageszeiten oder Wochentage speziell für das Training aussucht, um zu gewährleisten, dass man stetig Fortschritte macht. Mit System an eine Sache heranzugehen, wird nicht nur Ihrem Vierbeiner helfen, sondern auch für Sie selbst das Lernen vereinfachen.

In diesem Kapitel werden wir uns daher beispielhaft einen Trainingsplan ansehen, den Sie natürlich auch nach Belieben individuell an Ihren Wochenplan und die Lerngeschwindigkeit Ihres Hundes anpassen können.

Vorneweg gibt es nur eines zu sagen: Regelmäßige Wiederholung ist das A und O! Besonders für junge Hunde ist anfangs eine möglichst tägliche Vertiefung von Vorteil, um permanent Fortschritte feststellen zu können und das Gelernte abzusichern. Dabei müssen diese Trainingseinheiten auch gar nicht lang sein: Bereits 5 oder 10 Minuten machen hier einen großen Unterschied!

Werfen wir also gemeinsam einmal einen Blick auf ein systematisches Vorgehen – wobei dieses hier natürlich eher grob gehalten wird und als Orientierung gilt. Es liegt am Ende an Ihnen, den Zeitrahmen für jeden einzelnen Schritt und die darin eingefassten Teilschritte abzuschätzen.

Schritt 0: Die Basics

Zu den Basics zählt erst einmal alles, was noch vor dem Beginn der Fährtenarbeit kommt. Das heißt: die Anschaffung von benötigtem Equipment, die Auswahl des Fährtenfutters, gegebenenfalls Vereinssuche, das Ausspähen von geeigneten Trainingsplätzen, die Arbeit an Ihrem eigenen Auftreten und Ihrer Bindung zueinander – und natürlich ganz besonders auch die Arbeit an bestimmten Grundkommandos.

Sollten Sie einen jungen Hund haben, der Kommandos wie „Sitz", „Platz", „Bleib" und ein klares Abbruchsignal noch nicht beherrscht, dann beginnt Ihre Arbeit an diesem Punkt und Sie sollten dafür von vornherein Zeit einplanen. Je nach Lerngeschwindigkeit Ihres Hundes kann das auch mal einige Wochen einnehmen – machen Sie sich und Ihrer Spürnase dabei keinen Stress. Wenn die Grundlagen sitzen, ist weiterführendes Training, egal, welcher Art, im Nachhinein immer einfacher und entspannter.

Während Sie Ihrem Hund jeden Tag einen flexiblen „Zeitslot" einräumen, um an Bindung und Kommandos zu arbeiten, können Sie sich zu anderen Tageszeiten um den Rest kümmern. Potenzielle Plätze für die zukünftigen Fährten können Sie natürlich während Ihrer täglichen Spaziergänge auskundschaften – ohne etwas Engagement und den Willen, Ihren regulären Alltag und dieses neue Projekt unter einen Hut zu bekommen, werden Sie nicht weit kommen. Scheitert das also bereits vor dem ersten vollwertigen Schritt, sollten Sie womöglich Ihr Vorhaben noch einmal überdenken.

Schritt 0.1: Die wichtigsten Kommandos auf einen Blick

Nichts geht über die Kommandos, die Ihr Hund bereits vor der Fährtenarbeit beherrschen sollte. Daher hier einmal ein kurzer Überblick, welche Grundkommandos Ihr Vierbeiner auf jeden Fall blind beherrschen sollte.

Sitz: Das Kommando zum Hinsetzen ist in jeder Disziplin ein Muss – daher natürlich auch in der Fährtenarbeit, selbst wenn Sie es womöglich gar nicht gezielt einsetzen müssen. Es lohnt sich allerdings, es beispielsweise als Befehl vor dem Betreten des Abgangs zu nutzen, also als Grundstellungs-Kommando.

Platz: Auch der Befehl zum Hinlegen ist unerlässlich und sollte Teil der Trickkiste sein. Auch „Platz" eignet sich als Grundstellungs-Kommando – primär dient es in der Fährtenarbeit aber eigentlich zum Anzeigen eines Gegenstandes (vgl. „Fährtenarbeit Schritt für Schritt – Gegenstände auf der Fährte).

Bleib: Das Kommando „Bleib" wird sich ebenfalls vor dem Betreten des Abgangs als nützlich erweisen – aber auch ganz besonders während Ihrer ersten Fährten, wenn Sie diese allein vorbereiten. Falls Sie Ihren Hund nämlich nur in der Nähe mit Sichtkontakt zu Ihnen warten lassen möchten, sodass Sie die Fährte legen können, Ihr Vierbeiner aber weder direkt dabei ist noch die Fährte von seinem Standpunkt tatsächlich erkennen kann, dann sollte „Bleib" auf jeden Fall zu Ihrem gefestigten Repertoire gehören.

Such: Der Suchbefehl ist der Dreh- und Angelpunkt der Fährtenarbeit. Ihn erlernt Ihr Hund im Regelfall am besten im Abgangsquadrat oder spielerisch durch kleine Vorübungen. Wenn er das Wort „Such" hört, soll Ihr Hund seine Arbeit auf der Fährte motiviert aufnehmen, bis er fündig wird – ein Training ohne den Begriff scheint also nahezu undenkbar.

Nein/Stopp/Abbruchsignal: Ein zuverlässiges Abbruchsignal ist ebenfalls ein Muss. Auf der Fährte selbst werden Sie es zwar vermutlich eher nicht anwenden, aber vor Beginn der Ausarbeitung, also bevor Ihre Spürnase an die Fährte angesetzt wird, ist das Kommando bei besonders übermütigen Hunden durchaus hilfreich. Außerdem: Stichwort Impulskontrolle! Taucht eine akute Ablenkung auf und der Gegendruck an der Leine reicht nicht, um das Interesse wieder auf die Fährte zu lenken, kann auch ein deutliches „Nein" (bzw. Ihr gewählter Begriff) einmal zur Unterstützung genutzt werden.

Schritt 0.2: Spielerisches Annähern

Möchten Sie sich noch nicht direkt an der Fährtenarbeit versuchen oder besonders, wenn Sie einen jungen Hund haben, lohnt sich zu Beginn auch eine eher spielerische Annäherung an die Arbeit – auch, um schon einen ersten Eindruck zu erhalten, ob der eigene Vierbeiner überhaupt Lust auf eine solche Arbeit hat, und auch, um ihn vielleicht schon einmal für die Arbeit mit der Nase zu begeistern.

Als ein solches Spiel bietet es sich zum Beispiel an, mehrere Becher zu nehmen und unter einem oder mehreren davon Futter oder das Lieblingsspielzeug zu verstecken. Anschließend lässt man den Hund dann anzeigen, unter welchem Becher er glaubt, eine Belohnung zu finden. Die Schwierigkeit können Sie natürlich dann auch nach Belieben steigern, indem Sie die Becher mehrmals vertauschen – die Hauptsache hierbei ist, dass Ihr Hund mit einem Erfolgserlebnis aus der Situation herauskommt und Spaß an dem Prozess hat. Genau solche Spielereien gibt es inzwischen in vielen verschiedenen Formen, beispielsweise auch als Schieberätsel, die die Hundenase noch einmal neu herausfordern.

Eine andere Möglichkeit wäre auch, dem Hund mehrere Gegenstände vorzulegen und zu beobachten, ob er den finden kann, der von Ihnen direkt berührt wurde. Denken Sie beispielsweise hier an Taschentücher, von denen Sie eines tatsächlich in die Hand nehmen und die anderen mit einer

Zange positionieren. Orientiert Ihr Hund sich auf das von Ihnen berührte Tuch, bekommt er dann eine Belohnung.

Wenn Sie bereits zuvor das Kommando „Such“ trainiert haben oder trainieren möchten, können Sie auch beispielsweise ein beliebtes Spielzeug im Garten verstecken oder einen Trainings-Dummy, der mit Leckereien gefüllt ist, und Ihren Hund danach suchen lassen. So wird das Finden des Zielobjektes auch direkt zur Belohnung und Ihr Hund wird es als positive Erfahrung einstufen.

Diese Möglichkeiten sollen hier nur als Beispiel dienen – vielleicht fallen Ihnen ja sogar selbst noch kreative Wege ein, wie Sie die Nase von Jung und Alt geschickt herausfordern und auf die Arbeit einstimmen können. Gerade für Junghunde und Welpen sind solche spielerischen Herausforderungen aber immer interessant und es fällt ihnen leichter, bei der Sache zu bleiben, als wenn sie bereits mit den tatsächlichen Aufgaben gezielt konfrontiert werden.

Schritt 1: Das Abgangsquadrat

Sind alle Vorbereitungen abgeschlossen, geht es wirklich mit der Fährtenarbeit los. Wenn Sie sich zurückerinnern, sollten Sie noch wissen, dass man im Regelfall mit dem Anlegen eines Abgangsquadrates anfängt, das man mit Futter spickt, ehe man den Hund an das Quadrat ansetzt. Beginnt er, dort zu suchen und Futter aufzunehmen, ist es Zeit, mit dem Etablieren des Kommandos „Such“ zu beginnen. Wiederholen Sie es einfach währenddessen und streicheln Sie Ihren Vierbeiner gelegentlich.

Die meisten Hunde brauchen etwa fünf Versuche im Abgangsquadrat, ehe die Aufgabe verstanden ist und das Kommando einigermaßen gefestigt ist. (Mehr oder auch weniger sind ebenfalls möglich, aber das ist stark vom Hund abhängig.)

Diese fünf Versuche kann man sinnvollerweise auf zwei oder drei verschiedene Tage aufteilen – und genauso viele verschiedene Untergründe, um den Hund daran direkt zu gewöhnen.

Es bietet sich an, am ersten und zweiten Tag jeweils zwei Versuche zu starten. Am zweiten Tag kann man bereits versuchen, das Such-Kommando gezielt zu geben und den Hund erst dann fressen und suchen zu lassen, wenn das Kommando kommt (Stichwort Grundstellung).

Am letzten Tag sollte Ihr Hund bereits so sicher sein, dass der Versuch eigentlich nur als finale Kontrolle fungiert, bevor es weitergeht. Es kann hier auch nicht schaden, einen Tag Pause zwischen Tag 2 und 3 zu machen (Junghunde ausgenommen), um etwas zeitliche Distanz zu schaffen und gezielt zu prüfen, ob die Aufgabe bereits sitzt.

Schritt 2: Das Abgangsdreieck

Ist Schritt 1 gemeistert, geht es weiter zum Nachfolger des Quadrates: Das Dreieck wird Ihr Begleiter für die nächsten paar Versuche. Im Grunde können Sie auch diesen Punkt in zwei bis drei Tagen abhaken und auch nur in genau dieser Menge an Versuchen, da es hier primär darum geht, Ihren Hund langsam in die Richtung zu verweisen, in der die Fährte dann auch beginnen würde. Zu viel Zeit mit diesem Schritt zu verbringen, ist wirklich nicht nötig, wenn Ihr Hund das Prinzip verstanden hat.

Schritt 3: Übergang & Erste Fährte

Schritt 3 ist der, an dem es wirklich interessant wird. Zu Beginn legen Sie nur kurze, einspurige Fährten (möglichst nur die erste auf einer geraden Strecke!) und das am besten auch über mehrere Versuche/Tage. (Drei ist hier wieder eine gute, magische Zahl zur Orientierung.)

Haben die ersten beiden Schritte das Anliegen wirklich erfolgreich vermittelt, sollte Ihr Hund sich nun über das Dreieck hinaus und in die Fährte hineinarbeiten, bis er an das Ende gelangt. Lassen Sie ihm Zeit und verbreiten Sie keinen Stress. Kein Rucken an der Leine und kein Drängeln, lediglich Spannung auf der Leine beim Abweichen von der Fährte. Ihr Hund soll lernen, dass er selbstständig der Fährte bis zum Ende folgen muss – Sie sind im Augenblick nur sein Begleiter und emotionaler Support, wenn Sie so wollen.

Denken Sie daran, Ihren Vierbeiner im Enddreieck herauszunehmen, bevor er alle Leckereien verputzt hat, um seine Motivation für die nächsten Versuche aufrechtzuerhalten!

Schritt 4: Es geht in die Verlängerung

Schritt 3 ist sicher geschafft – dann ist Ihr Projekt für in etwa die nächste Woche, die Fährte stetig um einige wenige Schritte zu verlängern. An welchem Punkt Sie mit dem nächsten Schritt beginnen, liegt dann bei Ihnen – aber zur Orientierung: Die niedrigste Fährtenhundprüfung hat einen Umfang von 300 Schritten – und die ist dann natürlich weder einspurig noch hat sie keine oder nur sehr geringe Abstände zwischen den Schritten.

Schritt 5: Erweiterung der Abstände

Den fünften und sechsten Schritt können Sie sowohl umkehren als auch vorsichtig fast parallel einführen – das heißt: Üben Sie diese gleichzeitig, aber fangen Sie nicht am gleichen Tag damit an; das könnte Ihren Hund verwirren.

Prinzipiell geht es nun also darum, dass Sie auf Ihrer einspurigen, eng angelegten Fährte die Schrittlänge langsam verändern. Das sollten Sie ebenfalls mindestens über eine Woche, eher schon über zwei Wochen hinweg strecken, bevor Sie bei Ihrer regulären Schrittlänge angelangen. Steigern Sie die Abstände wirklich auf jeder Fährte einfach nur marginal.

Wenn Sie merken, dass Ihr Hund sicher mit der Veränderung umgeht, können Sie es auch einmal mit etwas mehr probieren und beobachten, wie er damit zurechtkommt – Flexibilität und das Eingehen auf seinen individuellen Lernfortschritt werden sich hier wirklich bezahlt machen.

Schritt 6: Winkel

Wie bereits erwähnt, können Sie die Winkel auch langsam im gleichen Zeitraum wie die erweiterten Abstände einbinden. Beispielsweise könnten Sie an einem Tag den Abstand verändern und am nächsten einen Bogen enger legen, sodass Ihr Hund näher an die tatsächlichen Winkel herankommt, die er später meistern wird. Durch diese sich abwechselnden Veränderungen können Sie auch erneut beobachten, wie Ihr Hund mit der Situation umgeht.

Generell führen Sie Winkel aber ein, indem Sie nach und nach aus den Schlangenlinien, mit denen Sie begonnen haben sollten, klare Knicke formen. Ziehen Sie diese einfach immer enger, bis aus einer Kurve letztlich ein Winkel wird. Sie können dabei mit stumpfen Winkeln beginnen, bis sich die Lage im wahrsten Sinne des Wortes zuspitzt und Sie Ihren Hund schließlich mit rechten und ganz zum Schluss mit spitzen Winkeln konfrontieren.

Gerade spitze Winkel können Sie aber auch später noch gezielt trainieren – wichtig ist erst einmal nur, dass Ihr Hund lernt, dass die Fährte plötzlich deutlich abknicken kann.

Vorsicht beim Anlegen! Winkel sollten eine Entfernung von etwa 50 Schritten voneinander aufweisen, um Ihren Hund nicht zu überfordern – dieser Abstand ist auch der, der in Prüfungen gefordert wird.

Schritt 7: Von ein- auf zweispurig

Wenn die Winkel und Abstände zwischen den einzelnen Schritten keine Herausforderung mehr darstellen, folgt Ihr nächstes Wochenziel (oder auch 2-Wochen-Ziel): die Umstellung auf zweispurige Fährten.

Nun ist es also an der Zeit, dass die Schritte versetzt angelegt werden. Beginnen Sie auch hier mit engem Versatz und werden Sie nach und nach mit jeder Fährte etwas breiter, um Ihren Hund nicht mit einer plötzlichen Umstellung völlig aus dem Konzept zu bringen.

Hier lohnt es sich auch noch einmal, einem zusätzlichen Winkeltraining etwas zusätzliche Zeit einzuräumen. Mit einem langsam steigenden Versatz sollte das allerdings kein großes Problem darstellen.

Schritt 8: Vollständige Fährten

Bis jetzt zeigt sich Ihr Hund in jedem Schritt absolut souverän? Sehr gut! Dann ist es jetzt an der Zeit, „vollwertige" Fährten zu trainieren – mit Bögen, Winkeln, Schlangenlinien und auf unterschiedlichen Untergründen – und natürlich auch Fährten mit Liegezeiten und Schrittlängen, denen man in Prüfungen begegnen würde.

Spätestens ab hier ist es auch nicht mehr nötig, sich täglich oder jeden zweiten/dritten Tag an die Arbeit zu machen, solange es weiterhin regelmäßig zum Wochenablauf dazu gehört und immer wieder abgerufen wird.

Wie lange Sie bei diesem Schritt bleiben, liegt am Ende bei Ihnen – sämtliche Grundlagen beherrscht Ihr Hund nun. Es liegen nur noch zwei Schritte vor Ihnen – besonders anspruchsvolle Fährten und die Entscheidung, ob Sie mit der Gegenstandsarbeit oder mit dem Futterabbau beginnen möchten.

Schritt 9: Besondere Fährten

Im Prinzip ist Schritt 9 nur eine Erweiterung von Schritt 8 – denn hier geht es um die „extremeren" Fährten. Das heißt im Klartext: Bäche und Straßen/Asphalt kreuzen Ihren Weg, Verleitungen mischen sich ein und die Wetterverhältnisse erschweren Ihre Umstände, wann immer es geht.

Oder Sie entscheiden sich für „Spaßfährten", wo Sie die Schrittmuster durch Rennen und Co. variieren und anders schwierige Umstände simulieren, um Ihren Hund auf die Probe zu stellen.Auch hier: Der Zeitrahmen ist und bleibt flexibel. Sie können das auch über Monate hinweg immer mal wieder trainieren.

Schritt 10: Futterabbau vs. Gegenstandsarbeit

Dieser Schritt des Plans ist mit Sicherheit einer der schwierigsten – denn nun können Sie in zwei Richtungen gehen. Entweder Sie entscheiden sich dafür, Gegenstände in Ihre Fährten einzubinden, und beginnen dahingehend das Training, welches sich in seiner Gesamtheit sicherlich weit über einen Monat strecken kann und außerdem erfordert, dass Sie wieder deutlich regelmäßiger (am besten alle paar Tage) das Training aufnehmen. Ihr Hund muss immerhin in diesem Fall das Handzeichen am Gegenstand lernen und auch verstehen, dass er sich zum Anzeigen des Gegenstandes ablegen soll – auch ohne Kommando von Ihnen. Und das funktioniert am besten, wenn es sehr regelmäßig wiederholt und gefestigt wird.

Oder Sie beschließen, dass es Zeit für den Futterabbau ist, was ebenfalls einiges an Zeit in Anspruch nehmen wird, da Sie nach und nach die Menge an Futter auf der Fährte reduzieren müssen (und das möglichst ohne sichtbares System für Ihren Vierbeiner). Dafür sollten Sie sich auch mehrere Wochen Zeit nehmen, um nicht mit einem demotivierten Hund zu enden, dem die Lust an der Arbeit vergangen ist, weil plötzlich die Belohnungen fehlen.

ⓘ Nicht zu vergessen:

Sollten Sie sich für die Gegenstandsarbeit entscheiden, wird der Futterabbau über kurz oder lang zu Schritt 12. Warum nicht Schritt 11? Ganz einfach – Sie beginnen nur mit einem Gegenstand. In Prüfungen gilt es aber, 3 bis 7 Gegenstände zu finden; dementsprechend muss Ihr Hund das dann auch noch in einem weiteren, zeitintensiven Schritt lernen.

Bonus-Schritt: Prüfungsreif?

Wenn Sie alle Schritte auf dieser Liste abhaken können – was insgesamt mit Sicherheit mindestens ein halbes Jahr dauern kann –, haben Sie und Ihr Hund es geschafft: Sie sollten prüfungsreif sein! Ob Sie es auch wirklich sind, zeigt letztendlich nur der Versuch. Viel Erfolg!

Hier noch einmal zur Orientierung sämtliche Prüfungen im Überblick:

	IGP I	*IGP II*	*IGP III*	*IFH I*	*IFH II*
Fährtenart	Eigen	Fremd	Fremd	Fremd	Fremd
Länge (Schritte)	mind. 300	mind. 400	mind. 600	ca. 1000-1400	ca. 1800
Schenkel	3	3	5	7	8
Winkel	2 (ca. 90°)	2 (ca. 90°)	4 (ca. 90°)	6	7
Gegenstände	2 (vom Halter)	2	3	4	7
Liegezeit	mind. 20 min	mind. 30 min	mind. 60 min	ca. 180 min	ca. 180 min
Ausarbeitungszeit	15 min	15 min	20 min	30 min	45 min
Verleitung	-	-	-	Ja, 3x	Ja, 3x

Schlusswort

Damit haben Sie es nun an das Ende dieses Buches geschafft und damit auch gewissermaßen an das Ende dieser Fährte namens „Wie funktioniert die Fährtenarbeit und was muss ich beachten?" – es war ein langer Weg mit einigen Gegenständen auf der Strecke, die Sie am besten auch nicht einfach überlaufen haben. Aber genug der Analogie: Sie haben es durch sämtliche Kapitel geschafft.

Im Bestfall haben Sie einiges mitgenommen und vielleicht sogar schon ausprobiert – oder aber Sie stürzen sich nun noch auf weitere Literatur von Fachleuten und Trainern, die sich damit schon seit Jahren beschäftigen, weil die Thematik Ihr Interesse so stark geweckt hat. Es kann bekanntermaßen ja auch nicht schaden, verschiedene Meinungen zu hören und seinen eigenen Mittelweg zu finden – und am Ende die Ansichten und Ideen zu übernehmen, die man selbst für schlüssig und sinnvoll hält.

Vielleicht hilft Ihnen der grobe Trainingsplan weiter, vielleicht haben Sie auch nur die Bindungsübungen übernommen. Vielleicht sind Sie der Meinung, dass die Futterschiene nicht der beste Weg sein kann, und schauen sich nun nach weiteren Trainingsmethoden um.

In jedem Fall haben Sie jetzt die besten Voraussetzungen geschaffen, um irgendetwas Neues mit in den Umgang mit Ihrem Vierbeiner zu nehmen und sich die Zeit zu nehmen, ihm zuzuhören und mit ihm auf Augenhöhe zu arbeiten. (Wie früher bereits angemerkt: Im übertragenen Sinne, nicht auf räumlicher Ebene. Nicht zu vergessen, dass Hunden Blickkontakt häufig unangenehm ist und sie defensiv, manch einer auch aggressiv, werden könnten – also ohnehin nur eine bedingt gute Idee.)

Das Wichtigste ist dabei ohnehin, dass Sie beide Spaß daran haben und als Team weiter wachsen. Wenn sich dann dabei herausstellt, dass dieser Weg an die Fährtenarbeit heran nichts für Sie ist, dann ist das eben so – aber Sie haben in dem Prozess dennoch mit Sicherheit einiges über sich und Ihren tierischen Partner gelernt.

Ein Überblick über die Fährtenarbeit wie dieser hier kann natürlich auch nicht immer auf alles haargenau eingehen, da einige Sachen auch einfach den Rahmen sprengen würden – und manche Sachen sind von Angesicht zu Angesicht vermutlich nicht nur leichter zu erklären und verdeutlichen, sondern auch schlichtweg einfacher zu verstehen. Daher ist es auch durchaus ratsam, sich zur Ergänzung an jemanden zu wenden, der in diesem Bereich bereits Erfahrungen hat. Das muss nicht unbedingt gleich ein teurer Trainer sein – ein entsprechender Verein oder Bekannte können da für den Anfang auch ausreichen und Ihnen sicher weiterhelfen. Fachleute sind sicher die beliebte Wahl, aber das heißt nicht, dass Sie nicht auch genauso gute Dinge von „normalen" Hundehaltern lernen könnten. Warum also nicht da ansetzen und sich deren Ideen und Erfahrungen anhören?

Wenn Sie nun also glauben, dass Sie erst einmal genug in der Theorie über Voraussetzungen und Fährtensetting gehört haben, ganz zu schweigen von der Lerntheorie – die hier ja nun auch nur eher oberflächlicher angeschnitten wurde; der Bereich ist *sehr* viel weitläufiger –, dann können Sie sich doch anfangen, in die Praxis hineinzutasten – ob nun nur mit

Ihrem Hund allein und den Ansätzen aus diesem Buch oder mit geübter Gesellschaft, ist selbstverständlich völlig Ihnen überlassen.

Fehler werden ohnehin immer wieder mal passieren, das ist völlig normal. Wichtig ist, dass Sie sich davon nicht einschüchtern lassen und es weiter versuchen – und der Erfolg wird am Ende nicht nur Ihnen guttun, sondern auch Ihren Vierbeiner in seinem Verhalten und seinem Selbstvertrauen sichtlich stärken.

Es ist durchaus ein langer Weg, auf dem man nicht versuchen sollte, etwas zu überstürzen. Nehmen Sie sich ruhig die Zeit, die Vorarbeiten zu leisten und neben Ihrem theoretischen Wissen auch die Bindung zu Ihrem Hund (weiter) zu festigen. Am Ende wird sich beides bezahlt machen und sich positiv auf das Training auswirken.

Und denken Sie dran – Spaß, selbstsicheres Auftreten, Ruhe und Zwanglosigkeit sind die Devise. Halten Sie sich daran und die halbe Miete ist bereits geschafft. (Aber bitte gründlich und ohne Hetzereien. Fährtenarbeit ist kein Sprint, sondern viel eher ein kleiner Marathon – ganz besonders für die Nase Ihres Schützlings.)

Und nun auf die Fährte, fertig – los!